Sitzungsberichte
der Akademie der Wissenschaften
der DDR
Mathematik – Naturwissenschaften – Technik

3N

1976

Ausgewählte Entwicklungsrichtungen der physikalischen Chemie

Dem Wirken Kurt Schwabes gewidmet

AKADEMIE-VERLAG · BERLIN

Sitzungsberichte
der Akademie der Wissenschaften der DDR
Mathematik — Naturwissenschaften — Technik

Jahrgang 1976 · Nr. 3/N

Ausgewählte Entwicklungsrichtungen der physikalischen Chemie

AKADEMIE-VERLAG · BERLIN
1976

Festkolloquium am 10. Juni 1975
aus Anlaß des 70. Geburtstages von
Kurt Schwabe, Präsident der Sächsischen
Akademie der Wissenschaften zu Leipzig,
Vizepräsident der Akademie der Wissenschaften
der DDR, veranstaltet vom Präsidium und der
Klasse Chemie der Akademie der Wissenschaften
der DDR sowie von der Chemischen Gesellschaft
der DDR.

Herausgegeben im Auftrage
des Präsidenten der Akademie
der Wissenschaften der DDR
von Vizepräsident Prof. Dr. Heinrich Scheel

Erschienen im Akademie-Verlag, 108 Berlin, Leipziger Straße 3—4

Lizenznummer: 202 · 100/169/76
Gesamtherstellung: VEB Druckhaus Köthen
Bestellnummer: 753 084 2 (2010/76/3/N) · LSV 1215
Printed in GDR
DDR 5,— M

Inhalt

Hermann Klare

Laudatio

Sehr geehrter, lieber Herr Schwabe!

Meine Damen und Herren!

Bei der Vorbereitung dieser Ansprache, dessen Inhalt und Diktion ich übrigens in wesentlichen Teilen einigen Ihrer ehemaligen Mitarbeiter verdanke, überlegte ich mir, daß wir einmal ernsthaft darüber nachdenken sollten, ob es denn nicht richtiger und für den, über dessen Lebensweg und über dessen Verdienste gesprochen werden soll, ob es denn für diese Persönlichkeit nicht viel schöner und beziehungsreicher wäre, wenn eine solche Rede, z. B. aus Anlaß eines 70. Geburtstages, von einem seiner Schüler oder einem engen Mitarbeiter gesprochen würde, der Charakter, Leistungen, Eigentümlichkeiten und — wer wäre davon frei — die Schrullen seines Lehrers viel besser kennt als eine sozusagen „offizielle Person", die von Amts wegen redet. Bitte, glauben sie mir, das ist kein Trick, um auf elegante Weise von Verpflichtungen loszukommen, die — sollen sie auch nur einigermaßen gelingen — fast immer an Wochenenden vorbereitet und ausgedacht werden müssen. Mir ist es ernst damit, denn ich könnte mir vorstellen, daß derartige Reden an Aussage- und Urteilsfähigkeit und vor allem an Wärme gewinnen würden; denn es ist doch ein großer Vorzug, wenn der Sprecher den Laudanden aus der täglichen Berührung und Arbeit im Labor und als Erzieher kennt und damit aus eigenem Erleben vieler Jahre den Forscher *und* den Menschen zu schildern vermag.

Seltsamerweise haben — auch wenn sie älter geworden sind und Abstand gewonnen haben — zahlreiche Schüler Hemmungen, über ihren Lehrer, über ihren früheren Direktor zu sprechen. Ich meine, wir sollten diesen Brauch aber wieder aufgreifen; denn wie viele schöne und treffende Laudationes sind — von Schülern für ihre Lehrer gesprochen und dann aufgeschrieben — in alten Bänden z. B. der Berichte der Chemischen Gesellschaft nachzulesen. Allein für die Wissenschaftsgeschichte wäre es ein unwiderbringlicher Verlust, wenn wir uns nicht bemühten, diese früher ganz übliche Gepflogenheit wieder zu beleben, und wir werden und müssen uns — nicht nur als ein im 275. Jahr der Akademiegründung eben fälliges und einmalig zu absolvierendes Unternehmen — wieder ausgiebig mit der Geschichte der Wissenschaft und mit denen beschäftigen, die die Wissenschaft betrieben haben. Wie viele unserer jungen Kollegen und Studenten — und das ist kein Vorwurf an die, von denen ich spreche, sondern eine fast unverantwortliche Unterlassung von uns Älteren — kennen denn noch genau Leben, Persönlichkeit, Taten, Wünsche und Träume derjenigen, auf deren Schultern sie — bildlich gesprochen — stehen?

Genug der Meditationen, zu denen Ihr 70. Geburtstag, lieber Herr Schwabe, Anlaß war, und nun zur Sache, die ich gern auf mich genommen habe, um in Ihnen eine über die Grenzen unseres Landes hochangesehene Persönlichkeit zu ehren, die gleichermaßen als Forscher, Hochschullehrer und als Organisator der Wissenschaft Verdienstvolles schuf, das zum Bleibenden in der physikalischen Chemie gehören wird.

Sie gehören den Wissenschaftlern unseres Landes an, die einen wichtigen Entwicklungsabschnitt der Elektrochemie kräftig vorantreiben und mitprägen. Bereits während Ihres Chemiestudiums an der Technischen Hochschule Dresden, aber mehr noch bei der Durchführung der Doktordissertation und bei Ihrer anschließenden Tätigkeit als Wissenschaftlicher Assistent im Institut für Elektrochemie und physikalische Chemie der Technischen Hochschule Dresden haben Sie unter Leitung Ihres Lehrers Erich Müller Ihr Herz für die physikalische Chemie entdeckt. Ihre Arbeiten fanden dann 1933 in der Habilitation auf dem Gebiet der allgemeinen physikalischen und Elektrochemie ihren Niederschlag. Nach Ihrer Doktordissertation waren Sie zunächst in der chemischen Industrie tätig und lernten das Bedrückende der damaligen Wirtschaftsepoche in einem der IG-Farben-Werke in Bitterfeld kennen. Ich könnte manches über das, was ich eben „bedrückend“ nannte, sagen; denn ich habe — im gleichen Jahr beginnend — nur 9 km entfernt in Wolfen meine Tätigkeit in der Industrie begonnen. Ich möchte aber nicht noch einmal abschweifen; wenngleich es reizvoll wäre, sich an das zu erinnern, was fachlich vorbildlich ausgeführt, was aber vom Standpunkt des Menschlichen und Ideologischen her gesehen unerträglich war.

Ab 1934 arbeiteten Sie dann als Chefchemiker in einem Betrieb der Zellstoff- und Papierindustrie. Bereits während dieser Zeit hielten Sie als Privatdozent Vorlesungen an der Technischen Hochschule Dresden und wurden 1939 außerordentlicher Professor am Institut für Elektrochemie und physikalische Chemie dieser Hochschule. 1949 erfolgte Ihre Berufung zum Professor mit Lehrstuhl für dieses Fachgebiet, und seit dieser Zeit leiteten Sie das Dresdener Institut.

Gestatten Sie mir bitte, daß ich Ihrer Tätigkeit in Dresden besondere Aufmerksamkeit widme, weil ich überzeugt bin, daß die Würdigung Ihrer besonderen Leistungen in der Forschung — auf die ich noch des öfteren zurückkommen werde — im engen Zusammenhang mit Ihren beachtlichen Verdiensten in der Lehre gesehen werden muß. Viele Ihrer Schüler sind heute als hervorragende Fachleute an bedeutenden Stellen in Lehre, Forschung und Industrie tätig. Zum heutigen Festkolloquium zu Ehren Ihres 70. Geburtstages werden vier Ihrer ehemaligen Schüler, die jetzt verantwortungsvolle Aufgaben in unserer Akademie leisten und lösen, über ihre speziellen Arbeitsgebiete vortragen. Sie dürfen und werden sich sicherlich darüber freuen, daß die Absolventen des von Ihnen geleiteten Institutes, Ihre ehemaligen Diplomanden und Doktoranden, bei der Frage nach ihrem Bildungsweg bereits mit der knappen Aussage: „Ich bin ein Schwabe-Schüler" das ausdrücken, was selbst durch ausführliche Beschreibung nicht besser gesagt werden könnte; vorausgesetzt natürlich, diese Schüler haben Lehre und Mahnungen ihres Lehrers nicht im Drange ihrer Alltäglichkeiten vergessen und benutzen das für sie längst Vergangene als eine Art Tarnung dessen, was einst so hoffnungsvoll begann.

Lieber Herr Schwabe. Sie haben ungeachtet der enorm hohen Arbeitsbelastung, die zwangsläufig mit den vielen von Ihnen übernommenen Funktionen verbunden ist, für Ihre Schüler meist genügend Zeit gefunden, sie in vielen Fragen — und waren es auch manchmal unbedeutendere — zu beraten und ihnen zu raten. Ihre Aufmerksamkeit galt insbesondere auch der Förderung überdurchschnittlich begabter Studenten und der laufenden Weiterbildung der bereits in der Industrie tätigen Absolventen. Durch Ihr eigenes — und ich möchte hinzusetzen —, durch Ihr Ihnen eigentümliches Vorbild übten Sie einen wahrhaft nachhaltigen Einfluß auf Ihre Schüler aus, weil Sie immer mit großem Eifer im Sinne des lateinischen Wortes „studium" und mit einem bewundernswerten Bewußtsein für Verantwortung mit Ihrer Arbeit sich befaßten, wobei Sie eigene Ansprüche weitgehend außer acht ließen. Was heißt hier „weitgehende Außerachtlassung eigener Ansprüche"? Ich darf Ihnen offenbaren, daß es mir zum Beispiel nicht gelungen ist, genau in Erfahrung zu bringen, ob und wann Sie einmal einen ohne Zweifel verdienten Urlaub in Anspruch genommen haben. Sicher scheint mir nur, daß Sie in den vergangenen 20 Jahren das Wort Urlaub wie einen Begriff aus einer Ihnen völlig fremden Sprache behandelten. Dazu muß man wissen, daß Ihr Arbeitstag weit vor 6 Uhr beginnt und meistens erst nach 20 Uhr endet. Herr Schwabe, ich bekenne freimütig, das habe ich bewundert, aber nicht begriffen. Begriffen deshalb nicht, weil ich nicht verstand, wie ein Mensch das aushalten kann, ohne dabei ernstlich an seiner Gesundheit Schaden zu leiden. Ich kann Ihnen deshalb nur wünschen, daß Ihnen *diese* Gesundheit erhalten, noch viele, viele Jahre erhalten bleiben möge. Und daß Ihre Mitarbeiter dieser Ihrer Gesundheit und deren Tatendrang gewachsen sein mögen, so wie es Ihre früheren Assistenten waren, die davon manches hübsche Histörchen zu berichten wissen. Man sollte sie bitten, das aufzuschreiben; denn dann — gestatten Sie mir diese etwas lockere Form des Ausdrucks — wird erst der ganze Schwabe sichtbar.

Ihrer unermüdlichen Schaffenskraft ist es übrigens zu verdanken, daß Sie fast immer mehrere Funktionen gleichzeitig wahrzunehmen vermochten. Nach Ihrer Ernennung zum Institutsdirektor wurde Ihnen das Amt des Prorektors für Forschungsangelegenheiten an der Technischen Hochschule Dresden übertragen, und 1961 wurden Sie zum Rector magnificus der nunmehr Technischen Universität Dresden gewählt. Neben dieser verantwortungsvollen Aufgabe haben Sie es außerdem fertig gebracht, auch als stellvertretender Direktor des Zentralinstitutes für Kernforschung unserer Akademie bei der Entwicklung der Grundlagenforschung — insbesondere im Bereich Radiochemie — tätig zu sein. Während vieler Jahre waren Sie gleichzeitig kommissarischer Direktor des Institutes für Zellstoff- und Papierchemie und ebenfalls kommissarischer Direktor des Institutes für Kolloidchemie und makromolekulare Chemie in Dresden.

In diesen Jahren haben Sie trotzdem noch die Zeit gefunden, alle Ihre Forschungsarbeiten in erstaunlicher Breite weiterzuführen. Jeder von uns, der die hohen Belastungen kennt, die mit der Leitung von Forschungs- und Bildungseinrichtungen verknüpft sind, weiß daher Ihre Leistungen zu würdigen. In mehr als 350 Veröffentlichungen haben Sie die Resultate Ihrer wissenschaftlichen Arbeiten niedergelegt. Es seien hier vor allem Ihre Ergebnisse auf den Gebieten der Elektrochemie, der Korrosion und Passivität von Metallen, der Polarographie und der Brennstoffelemente hervorgehoben. Ihre Erfahrungen aus der Vorlesungstätigkeit haben Sie erst vor kurzem in einem dreibändigen Lehrbuch der physikalischen Chemie zusammengefaßt.

Einen besonderen Platz nehmen in der Reihe Ihrer Forschungsarbeiten die Untersuchungen über Korrosion und Korrosionsschutz ein, die für Sie aus der Sicht des Elektrochemikers zunächst besonders in Richtung der Passivierung von Metallen interessant waren. Mit speziell entwickelten elektrochemischen Meßverfahren sowie auch durch Anwendung moderner physikalischer Methoden konnten Sie den Beweis erbringen, daß die primäre Schutzwirkung bei der Passivierung in vielen Fällen von einer chemisorbierten Sauerstoffschicht hervorgerufen wird. Durch Ihre Arbeiten ist Ihr Name in die Reihe der führenden Wissenschaftler dieses Gebietes eingegangen. Auch hier begnügten Sie sich nicht nur mit wissenschaftlichen Untersuchungen, sondern waren bemüht, die Forschungsarbeiten zu intensivieren und die Forschungsergebnisse zugunsten unserer Volkswirtschaft anzuwenden. Sie haben die Gründung der Zentralstelle für Korrosionsschutz angeregt und diese Institution von 1965 bis 1971 erfolgreich geleitet. Die hohe internationale Anerkennung, die Ihren Arbeiten auf dem Gebiet der Korrosion und des Korrosionsschutzes zuteil wird, hat ihren Ausdruck darin gefunden, daß Sie von den Kollegen Ihres Fachgebietes zum Vorsitzenden des Wissenschaftlich-technischen Rates der RGW-Mitgliedsländer für das Problem Korrosionsschutz gewählt wurden und diese verantwortungsreiche Tätigkeit seit 1972 ausüben.

Doch lassen Sie mich nun noch aus der Fülle Ihrer außerordentlichen Aktivitäten einen Bereich herausgreifen, in dem Ihr Bestreben besonders deutlich wird, die neuesten wissenschaftlichen Erkenntnisse auf kürzestem Wege in der Praxis nutzbar zu machen. Sie haben unter keineswegs einfachen Bedingungen das Forschungsinstitut für chemische Technologie in Meinsberg aufgebaut und dort zunächst Aufgabenstellungen aus der Papier- und Zellstoffindustrie bearbeitet. Dazu zählen Ihre Untersuchungen zur Abwasserbehandlung und die dazugehörigen physikalisch-chemischen Messungen. Diese Arbeiten an analytischen Problemen des Umweltschutzes und die Entwicklung entsprechender Meßgeräte stellen auch noch heute ein wichtiges Tätigkeitsgebiet Ihres Institutes dar, das jetzt als Forschungsinstitut und Entwicklungslabor der Technischen Universität Dresden unter Ihrer bewährten Leitung steht. Naturgemäß widmen Sie sich hierbei in erheblichem Maße elektrochemischen Problemen, vor allem der elektrochemischen Analytik. Ich möchte besonders Ihre Arbeiten zur Entwicklung von Gläsern für ionensensitive Elektroden und der dazu notwendigen Meßeinrichtungen erwähnen. Ihre Erfahrungen auf dem Gebiet der pH-Meßtechnik fanden entsprechenden Niederschlag in der Produktion von pH-Meß- und Regelanlagen für die Industrie.

Ich bitte um Ihr Verständnis, wenn ich von allem, was Sie in den vergangenen Jahrzehnten leisteten, hier nur über *einige wenige* wesentliche Arbeiten gesprochen habe. Diese Beispiele unterstreichen aber Ihr erfolgreiches Wirken als Hochschullehrer und Forscher, das Sie auch in den Dienst unserer Akademie stellten. Seit 1953 gehören Sie zu uns als Ordentliches Mitglied, und seit 1970 sind Sie Vizepräsident der Akademie der Wissenschaften der DDR. Sie nahmen sehr differenzierten Anteil an der Gestaltung des wissenschaftlichen Lebens und somit zweifellos auch an der Mehrung des Ansehens unserer Akademie. Als Vizepräsident und Mitglied unseres Präsidiums waren und sind Sie uns Mahner und wertvoller Berater zugleich. Nicht immer einer der bequemsten; aber wer wird denn fruchtbar, wenn er seine und seiner Kollegen Bequemlichkeit mehr goutiert als eine pointierte und wohldurchdachte kritische Bemerkung über offensichtlich Unausgegorenes?

Mit großem Verantwortungsbewußtsein üben Sie seit 1965 auch das ehrenvolle Amt des Präsidenten der Sächsischen Akademie der Wissenschaften zu Leipzig aus. Ich darf heute feststellen, daß sich seit dieser Zeit die beiden Akademien näher gekommen sind, wenngleich ich nicht verhehlen möchte, daß vielleicht noch mehr geschehen könnte, wenn wir beide (und unsere Nachfolger) die im März 1972 unterzeichnete Vereinbarung nach Sinn und Inhalt noch besser nutzen. Der nächste Fünfjahrplan wird uns Gelegenheit dazu bieten.

Ihre erfolgreichen wissenschaftlichen Arbeiten fanden ebenfalls verdiente Anerkennung durch die Wahl zum Ordentlichen Mitglied der Deutschen Akademie der Naturforscher Leopoldina Halle, zum Ausländischen Mitglied der Bulgarischen Akademie der Wissenschaften, zum Korrespondierenden Mitglied der Jugoslawischen Akademie der Wissenschaften und Künste und zum Korrespondierenden Mitglied der Österreichischen Akademie der Wissenschaften.

Ihnen wurden die Ehrendoktorwürden der Technischen Hochschule Karl-Marx-Stadt, der Technischen Hochschule Carl Schorlemmer Leuna-Merseburg und der Technischen Universität Dresden verliehen. Darüber hinaus sind zahlreiche Wissenschaftliche Gesellschaften des In- und Auslandes stolz darauf, Sie als tätiges Mitglied in ihren Reihen zu wissen.

Ihre vielfältigen Verdienste wurden durch hohe staatliche Ehrungen und Auszeichnungen gewürdigt. 1954 erhielten Sie für Ihre Arbeiten auf dem Gebiet der elektrochemischen Meßtechnik den Nationalpreis II. Klasse und 1961 für die Untersuchungen zur Erforschung der Metallkorrosion und -passivität sowie für Ihre Erfolge bei der Lehrtätigkeit den Nationalpreis I. Klasse. 1959 wurden Sie mit dem Orden „Banner der Arbeit" ausgezeichnet, und 1964 wurde Ihnen der Ehrentitel „Held der Arbeit" verliehen. Im Jahre 1970 wurden Sie als Hervorragender Wissenschaftler des Volkes geehrt. Vor allem möchte ich aber die vor wenigen Tagen erfolgte verdienstvolle Auszeichnung mit dem Vaterländischen Verdienstorden in Gold nicht vergessen.

Ich möchte Ihnen, lieber Herr Schwabe, heute besonders herzlich für Ihre in der Akademie der Wissenschaften der DDR geleistete Arbeit danken. Ich darf Ihnen sagen, daß wir Ihr Mitwirken in allen Gremien unserer Einrichtungen sehr begrüßen, vor allen Dingen auch deshalb, weil Ihre Beiträge auf langjährigen Erfahrungen basieren, die Sie in Industrie, Forschung und Lehre gleichermaßen gesammelt haben. Ich möchte Ihnen für Ihre aufrichtigen Bemühungen herzlich danken und diesen Dank mit den besten Wünschen für Ihre Gesundheit und Schaffenskraft verbinden.

Burkart Philipp und Harry Schleicher

Stand und Probleme der Herstellung verspinnbarer Lösungen durch direkte Auflösung von Cellulose

Mit den Vorträgen des heutigen Kolloquiums möchten einige Ihrer Schüler Ihnen zusammen mit den herzlichsten Glückwünschen zu Ihrem Jubiläum zugleich den besten Dank für all das übermitteln, was Sie uns Jüngeren mit auf den wissenschaftlichen Lebensweg gegeben haben. Damit sind keineswegs nur die fachlichen Informationen gemeint, die wir seinerzeit als Studenten aus Ihren Vorlesungen schöpfen konnten, sondern gleichermaßen die vielfältigen Anregungen und Hinweise für das Herangehen an ein wissenschaftliches Problem und das Entwickeln eines eigenen wissenschaftlichen Arbeitsstils, in dem Sie uns stets Vorbild waren. Die Vortragsthemen des heutigen Tages haben wir daher bewußt aus Arbeitsgebieten entnommen, auf denen Sie nicht nur früher selbst erfolgreich wissenschaftlich tätig waren, sondern auf denen Sie vor allem uns zunächst unter Ihrer Anleitung und später selbständig zur wissenschaftlichen Arbeit anregten. Mit den heutigen Vorträgen möchten wir Ihnen daher zugleich an ausgewählten Beispielen zeigen, was sich aus diesen seinerzeit gegebenen Anregungen entwickelt hat und welcher wissenschaftliche Stand auf einigen dieser Gebiete inzwischen erreicht wurde.

Schon sehr frühzeitig war es eines Ihrer wissenschaftlichen Anliegen, physikochemische Überlegungen und Methoden in die Chemie und Technologie der Cellulose und der Papierherstellung hineinzutragen und dort wirksam werden zu lassen, wobei unter anderem die Quell- und Löseprozesse an der Cellulose Ihr besonderes Interesse fanden. Unter angemessener Betonung der vom Celluloseforschungskollektiv des Teltower Instituts erzielten eigenen Ergebnisse soll der folgende Vortrag einen Überblick geben über einige neuere Erkenntnisse, aber auch über einige offene Probleme bei der Herstellung verspinnbarer Celluloselösungen.

Stark schematisiert und vereinfacht läßt sich der Löseprozeß einer nativen Fasercellulose in die folgenden drei neben- oder nacheinander ablaufenden Teilschritte zerlegen:

— das Eindringen des Lösemittels in die Poren der Faser;

— eine Sprengung der den Zusammenhalt zwischen den Celluloseketten bewirkenden Wasserstoffbrücken unter Verbindungsbildung mit einer Komponente des Lösemittelsystems, wobei diese Verbindungsbildung das breite Spektrum von einer losen EDA-Komplexbildung bis zum stabilen Hauptvalenzderivat umfaßt, die Wechselwirkung jedoch stärker sein muß als die vorher vorhandenen O...H...O-Wasserstoffbrücken;
— eine Solvatation der entstandenen Verbindung unter unbegrenzter Quellung, also Zerstörung der ursprünglichen Faserstruktur, wobei dann im Falle der konzentrierten Spinnlösungen eine Netzwerkstruktur der Celluloseketten mit temporären Haftpunkten vorliegt.

Ausmaß und zeitlicher Ablauf der einzelnen Teilprozesse werden nicht nur durch das gewählte Lösemittelsystem, sondern in starkem Maße auch durch den übermolekularen Ordnungszustand und durch die morphologische Struktur der Ausgangsfaser bestimmt. Außerdem kann der zuletzt genannte Teilschritt der unbegrenzten Quellung nach Verbindungsbildung und Solvatation durch ein mechanisches Scherfeld, also durch entsprechendes Rühren, wesentlich gefördert werden.

Resümiert man die bisher realisierten technologischen Lösungswege zur Verformung der Cellulose zu Fäden und Folien über den Zustand der konzentrierten Lösung, so lassen sich hinsichtlich der Art der dabei auftretenden Verbindungsbildung drei wesentliche Gruppen unterscheiden, nämlich:

1. die Herstellung hochsubstituierter stabiler Hauptvalenzderivate, in erster Linie durch Veresterung der Hydroxylgruppen, wobei diese Ester dann in gebräuchlichen organischen Lösungsmitteln löslich sind und aus diesen Lösungen versponnen werden können. Das heute großtechnisch realisierte Beispiel hierfür ist das Celluloseacetat. Von sowjetischen Autoren wurde kürzlich über die Verspinnung hochsubstituierter Äther, nämlich von Cyanäthylcellulosen ebenfalls aus organischen Lösungsmitteln berichtet [1]. Im Endprodukt führt dieser Weg grundsätzlich zu Fasern, die keine Cellulosefaser mehr darstellen, sondern eher Ähnlichkeiten mit einer Synthesefaser aufweisen.

2. Herstellung von Cellulosehalbestern mittleren Substitutionsgrades, wobei die dabei eingeführten hydrophilen Substituenten eine Löslichkeit in Wasser bzw. verdünnter Alkalilauge bewirken und beim anschließenden Spinnprozeß wieder abgespalten werden, so daß schließlich eine reine Cellulosefaser vorliegt. Einziges technologisch-realisiertes Beispiel hierfür und zugleich der weitaus wichtigste Prozeß zur Verformung der Cellulose über den Lösungszustand überhaupt ist der Viskoseprozeß mit dem Cellulosexanthogenat, also dem Halbester der Dithiokohlensäure als wasserlöslichem, aber durch ein saures Spinnbad rasch wieder zersetzbarem Zwischenprodukt. Im Labormaßstab untersuchte

Analogverfahren einerseits mit dem Halbester der Monothiokohlensäure, andererseits mit dem Halbester der Schwefelsäure scheitern im ersten Falle an der zu geringen Stabilität des wasserlöslichen Zwischenproduktes, im zweiten Falle an dem mit der Sulfatesterbildung in jedem Falle verbundenen starken Kettenlängenabbau und der schwierigen und unvollständigen Abspaltbarkeit der Sulfatestergruppen bei einem Spinnprozeß.

3. Herstellung verspinnbarer wäßrig-alkalischer Lösungen von Übergangsmetallkomplexen der Cellulose, die dann beim anschließenden Spinnprozeß zerstört werden, so daß schließlich auch hier eine reine Celluloseregeneratfaser vorliegt. Einzige großtechnisch auch heute noch realisierte Variante ist das Kupferoxidammoniakverfahren, das jedoch neben dem Viskoseprozeß mengenmäßig kaum ins Gewicht fällt und dessen Zukunft im Hinblick auf die Verknappung von Kupfer skeptisch beurteilt werden muß. Im Labormaßstab durchgeführte Analogverfahren, z. B. mit dem Cadmiumäthylendiaminkomplex der Cellulose oder mit einem Eisenweinsäurekomplex, dürften schon aus Gründen der Ökonomie und/oder des Umweltschutzes auch für die Zukunft ausschließlich wissenschaftliches Interesse haben.

Zusammenfassend kann man aus diesen Betrachtungen zum derzeitigen technologischen Stand der Verformung der Cellulose über konzentrierte Lösungen schließen, daß neue Wege der Lösungsherstellung grundsätzlich am Viskoseprozeß gemessen werden müssen, der zwar einerseits mit seinen CS_2- und H_2S-Abgasen ein ausgesprochen umweltfeindliches Verfahren darstellt, der aber andererseits mit relativ billigen Chemikalien arbeitet, technologisch-ökonomisch weitgehend durchrationalisiert ist, eine rückstandsfreie Spinnlösung liefert und beim Spinnprozeß selbst eine Variation der gewünschten Faserstruktur und damit der Fasereigenschaften in recht weiten Grenzen gestattet. Trotz dieser technologischen Vorzüge stellten vor allem die Umweltfeindlichkeit und daneben die diskontinuierliche vielstufige Verfahrensweise des Viskoseprozesses, vor allem in den letzten fünfzehn Jahren, eine ständige Herausforderung an die Celluloseforschung dar, einerseits den Viskoseprozeß weiterzuentwickeln, wobei die hierbei erzielten Teilerfolge in diesem Vortrag nicht zur Diskussion stehen, andererseits nach neuen Wegen zur Verformung der Cellulose über den Zustand der Lösung zu suchen. Daß Analogverfahren wenig Aussicht auf eine technische Realisierung haben, wurde bereits dargelegt. Man mußte sich also grundsätzlich neuen Wegen der Lösungsherstellung zuwenden, wobei sich heute im wesentlichen zwei Richtungen abzeichnen:

— Die Herstellung niedrig substituierter Celluloseäther und Celluloseester und deren Auflösung in wäßrig alkalischem Medium, wobei nach dem Spinnprozeß auch bei Erhaltung der Substituenten infolge des niedrigen Substitutionsgrades der Charakter einer Cellulosefaser erhalten bleibt;

— die direkte Auflösung der Cellulose in einem nichtwäßrigen organischen Lösemittelsystem, um dann aus dieser Lösung durch einen Spinnprozeß die Cellulose als Regeneratfaden oder Regeneratfolie wieder auszufällen.

Beide Richtungen werden heute von Forschergruppen in verschiedenen Ländern bearbeitet, und ich möchte hier, unter Betonung eigener Experimentalergebnisse, einen Überblick über den erreichten Stand geben.

Der zuerst genannte Weg der Herstellung und Verspinnung niedrig substituierter Derivate geht von der Tatsache aus, daß schon die Substitution verhältnismäßig weniger cellulosischer Hydroxylgruppen durch Äther- oder Estergruppen entsprechend etwa Substitutionsgraden zwischen 0,1 und 0,3 pro Glukoserest ausreicht, um das System inter- und intramolekularer Wasserstoffbrücken in der nativen Cellulose soweit zu stören, daß die verbleibenden Hydroxylgruppen in einem wäßrig-alkalischen Medium ausreichend solvatisiert werden und so eine Auflösung eintreten kann. Man kann auf diesem Wege verhältnismäßig leicht konzentrierte, gut verspinnbare Lösungen gewinnen, wobei die Art der Substituenten in erster Näherung eine untergeordnete Rolle spielt und in der einschlägigen Literatur sowohl über lösliche Acetate und Sulfate niedrigen Substitutionsgrades, wie auch über entsprechende Carboxymethyl- und Hydroxyäthylcellulosen berichtet wird. Die Einführung hydrophiler Substituenten begünstigt natürlich zusätzlich die Löslichkeit des Produktes, vergrößert aber gleichzeitig das mit diesem Weg verbundene wichtigste offene Problem, nämlich die Gewinnung einer genügend quellungsresistenten Faser bzw. Folie beim Regenerieren. Die den Löseprozeß überhaupt erst ermöglichenden Substituenten bleiben ja beim Regenerieren größtenteils erhalten und können dann den Aufbau einer geordneten Faserstruktur stören, so daß zur Herstellung genügend unlöslicher bzw. quellungsresistenter Fasern zusätzliche Arbeitsgänge, z. B. eine nachträgliche Vernetzung, erforderlich sind. Ein zweites wesentliches Problem bei der Herstellung solcher wasserlöslicher, niedrig substituierter Äther und Ester der Cellulose ist die Erzielung einer möglichst gleichmäßigen Substituentenverteilung gerade auch in den hochgeordneten Bereichen der Faserstruktur, um den zur Auflösung führenden Substitutionsgrad möglichst niedrig halten zu können.

Während in unserem Partnerinstitut in Bratislava vor allem der über niedrig substituierte Hydroxyäthylcellulosen führende Weg vorangetrieben wurde, haben wir mit der Gewinnung und Charakterisierung von in wäßrig alkalischem Medium löslichen Cyanäthylcellulosen begonnen. Der entscheidende Einfluß der Substituentenverteilung auf die Löslichkeit solcher Produkte ließ sich hier recht überzeugend demonstrieren: Während die im heterogenen System ablaufende Cyanäthylierung einer nativen Faserprobe beim Durchfahren des gesamten Substitutionsgradbereiches von 0—3 in keinem Falle zu in wäßrigem

Medium löslichen Produkten führt und erst bei sehr hohen Substitutionsgraden in Dimethylformamid lösliche Präparate erhalten werden, erhielten wir nach einer Voraktivierung der Cellulose mit Ammoniak unter den gleichen heterogenen Reaktionsbedingungen im Substitutionsgradbereich um 0,3 Produkte, die praktisch rückstandsfrei in etwa 10%iger Natronlauge löslich waren. Durch eine solche aktivierende Vorbehandlung mit konzentrierten Ammoniaklösungen bzw. flüssigem Ammoniak wird infolge H-Brückensprengung vor allem in den hochgeordneten Faserbereichen eine wesentliche Verringerung des Ordnungsgrades erzielt und damit bei einer anschließenden Heterogenreaktion eine bedeutend gleichmäßigere Substituentenverteilung ermöglicht.

Während der bisher beschriebene Weg von in ihrem Ablauf bekannten klassischen Cellulosereaktionen ausgeht und der derzeitige und künftige wissenschaftliche Fortschritt vor allem in der Kenntnis der Zusammenhänge zwischen heterogenem Reaktionsablauf, Substituentenverteilung und Löslichkeit der Produkte zu sehen ist, also in der Lösung eines typisch polymerchemischen Problems liegt, sind auf dem Gebiet der nichtwäßrigen Lösemittelsysteme für Cellulose auch heute noch eine ganze Reihe grundlegender Fragen des Reaktionsablaufes offen, obwohl wir inzwischen in Weiterführung der zuerst von Nakao [2] geäußerten Vorstellungen auf Basis der Bildung von Elektronendonatorakzeptorkomplexen eine Arbeitshypothese zur Systematisierung solcher Reaktionsabläufe aufstellen konnten. Entsprechend dem in Abbildung 1 gezeigten Schema nehmen wir dabei einen Angriff des Lösemittelsystems sowohl am H-Atom, wie auch am O-Atom der cellulosischen Hydroxylgruppen an, so daß ein solches Lösemittelsystem dann mindestens einen Elektronenpaardonator zum Angriff am H-Atom und einen Elektronenpaarakzeptor zum Angriff auf das freie Elektronenpaar des O-Atoms enthalten muß. Nach unseren Vorstel-

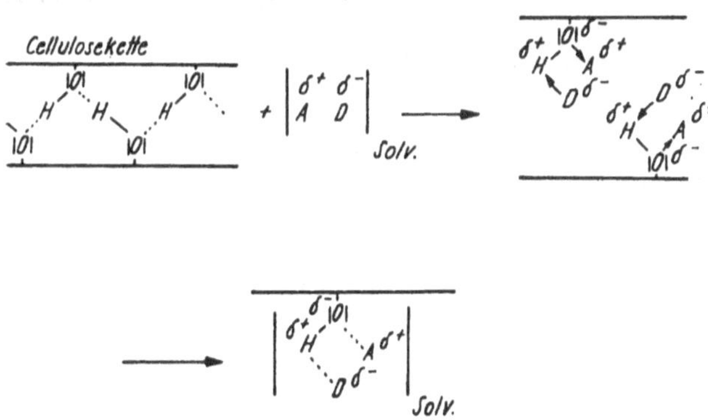

Abb. 1. Schema der EDA-Wechselwirkung zwischen Cellulose und Celluloselösungsmittel

lungen ist dabei ein bestimmtes Mindestmaß an Donator- bzw. Akzeptorstärke erforderlich, ebenso aber eine bestimmte zur Wechselwirkung mit den OH-Gruppen günstige sterische Anordnung dieser Zentren. Bei der EDA-Wechselwirkung zwischen Hydroxylgruppe und Lösemittelsystem darf es zumindest im ersten Schritt nicht zu einer vollständigen Trennung von Akzeptor- und Donatorzentrum kommen, sondern nur zur Bildung eines Ionendipols bzw. eines EDA-Komplexes, der dann durch eine Komponente des Systems ausreichend solvatisiert werden muß, um die vollständige Auflösung der Cellulose zu erreichen. Aus diesen Randbedingungen heraus wird verständlich, warum bisher nur ganz wenige Einkomponentensysteme aufgefunden wurden, die Cellulose zu lösen vermögen, so z. B. bestimmte Alkylpyridiniumverbindungen. Eine wesentlich größere Auswahl steht, wie die Tabelle 1 zeigt, an lösend wirkenden Zwei- und Dreikomponentensystemen zur Verfügung, da hier die beiden Funktionen der Verbindungsbildung und der Solvatation von verschiedenen Komponenten wahrgenommen werden können. Sicher ist es möglich, noch weitere,

Tabelle 1
Nichtwäßrige Celluloselösungsmittel-Systeme

Nichtwäßrige Celluloselösungsmittel-Systeme
N_2O_4 + organisches Lösungsmittel
N_2O_4 + Eisessig
N_2O_4 + N_2O_3
NOCl + organisches Lösungsmittel
$NOSO_4H$ + organisches Lösungsmittel
Amin + SO_2
Amin + SO_2 + organisches Lösungsmittel
NH_3 + Salz
NH_3 + Salz + organisches Lösungsmittel
Methylamin + DMSO
N – Alkylpyridiniumchlorid
N – Alkylpyridiniumchlorid + organisches Lösungsmittel
N – Methylmorpholin – N – oxid
N – Methylmorpholin – N – oxid + organisches Lösungsmittel
Chloral + Pyridin
Chloral + Pyridin + organisches Lösungsmittel
Paraformaldehyd + DMSO
Trifluoressigsäure

grundsätzlich andere lösend wirkende Flüssigkeitskombinationen aufzufinden. Gerade auch im Hinblick auf eine systematische Entwicklung und Prüfung des eben dargelegten EDA-Konzeptes der Wechselwirkung soll hier jedoch nur auf zwei Gruppen solcher Systeme eingegangen werden, und zwar einmal die nitrosylionenhaltigen Zweikomponentensysteme, zum anderen Zwei- und Dreikomponentensysteme aus Amin, SO_2 bzw. $SO\,Cl_2$ und einer polaren organischen Drittkomponente.

Unter dem Begriff der Nitrosylverbindungen faßten wir dabei die Substanzen Distickstofftetroxid, Nitrosylchlorid und Nitrosylhydrogensulfat zusammen, die in einem polaren Medium sämtlich unter Bildung von Nitrosylkationen dissoziieren können und die alle drei bei geeigneten Konzentrationsverhältnissen von Nitrosylverbindung zu Zweitkomponente auch native Fasercellulosen mit hohem Polymerisationsgrad rasch und vollständig aufzulösen vermögen. Diese relativ übersichtlichen Lösemittelsysteme mit Nitrosylverbindungen lassen zugleich ein bei der Herstellung nichtwäßriger Celluloselösungen teilweise auftretendes Problem besonders eindringlich erkennen, nämlich eine Kopplung der Auflösung der Cellulosestruktur mit irreversiblen chemischen Umsetzungen an der Cellulosekette, also unter Derivatbildung, wie auch zwischen den einzelnen Komponenten des Systems, wobei diese irreversiblen Umsetzungen vielfach mit einem starken Kettenabbau verbunden sind. Je nach Art der verwendeten Nitrosylkomponente erfolgt in Abhängigkeit von den übrigen Reaktionsbedingungen eine mehr oder minder intensive Substitution der Cellulosekette mit Nitrit und Nitratestergruppen, Carboxylgruppen bzw. Chloratomen oder Sulfatestergruppen. Unter gegebenen Reaktionsbedingungen nimmt das Ausmaß dieser irreversiblen Substitutionsreaktionen in der Reihenfolge NOCl, N_2O_4, $NOSO_4H$ zu, steigt also offenbar mit der Dissoziationskonstante der Nitrosylverbindung an. Diese irreversiblen Substitutionsreaktionen lassen sich in ihrem Mechanismus als Folgereaktionen der ursprünglichen EDA-Komplexbildung verstehen, wie dies Abb. 2 zeigt. Erwartungsgemäß kann Wasser als protische Flüssigkeit den gesamten Reaktionsablauf wesentlich beeinflussen, und es ist daher verständlich, daß schon geringe Wassermengen die Lösewirkung des Systems das Ausmaß der irreversiblen Substitutionsreaktionen an der Cellulosekette und den Kettenabbau wesentlich beeinflussen.

Im Gegensatz zu den Nitrosylsystemen, vermögen Lösemittelsysteme mit SO_2 und Amin als Komponenten, die Cellulose unter entsprechenden Reaktionsbedingungen ohne merkliche irreversible Substitutionsreaktionen an den OH-Gruppen zu lösen, allerdings besteht auch hier die Gefahr der irreversiblen Nebenproduktbildung zwischen den Komponenten des Systems. Schon vor etwa zehn Jahren hatte Hata [3] auf die celluloselösende Wirkung von Gemischen niederer aliphatischer Amine mit flüssigem SO_2 bei niedrigen Temperaturen hingewiesen. Wie unabhängig von uns und einer japanischen Forschergruppe gezeigt wurde, ermöglicht der Zusatz einer polaren organischen Flüssigkeit als Drittkomponente eine Durchführung des Lösevorgangs auch bei Raumtemperatur unter gleichzeitiger wesentlicher Herabsetzung der erforderlichen Mindestkonzentration an SO_2. Entsprechend dem in Abb. 3 gezeigten Schema läßt sich der Löseprozeß auch hier auf Basis der schon erwähnten EDA-Wechselwirkung verstehen. Die Wahl der polaren Drittkomponente bestimmt die Breite der Palette lösend wirkender Amine und beeinflußt gleichzeitig das Ausmaß des lösend wirkenden Konzentrationsbereiches. Als besonders geeignet erwies sich bei unseren Untersuchungen das Formamid, gefolgt von DMSO, das ebenfalls mit einer ziemlich breiten Palette von Aminen kombiniert werden konnte, während beispielsweise Acetonitril nur in Kombination mit Diäthylamin und SO_2 eine Lösewirkung auch für langkettige Cellulose aufwies. Die jeweilige Kombination

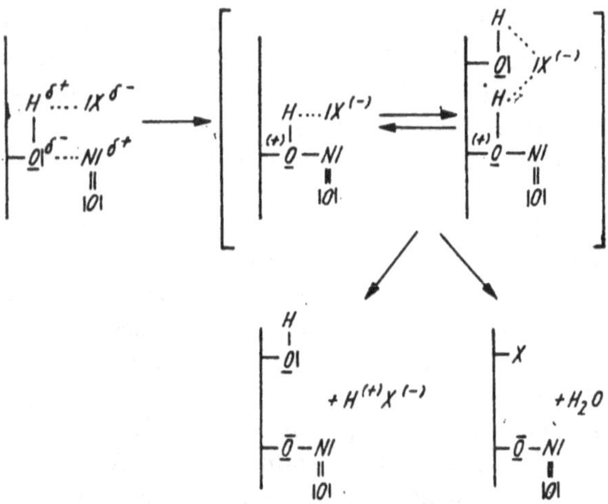

Abb. 2. Schema der EDA-Wechselwirkung zwischen Cellulose und Lösungsmittel-Systemen, die Nitrosylverbindungen enthalten

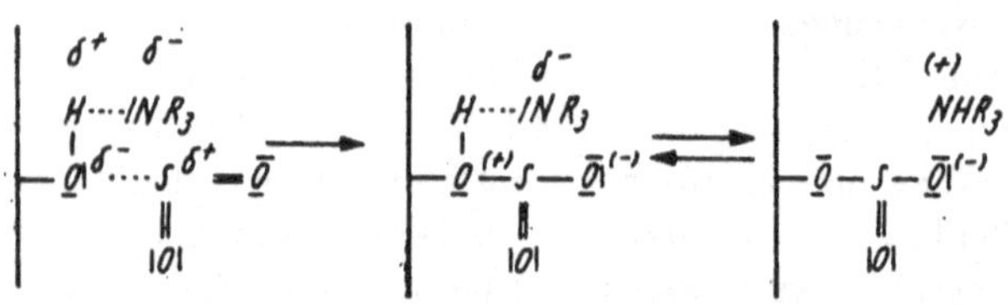

Abb. 3. Schema der EDA-Wechselwirkung zwischen Cellulose und Lösungsmittel-Systemen, die Schwefeldioxid und Amin enthalten

von Amin und Drittkomponente bestimmt gleichzeitig, ob eine Auflösung der Cellulose nur in Gegenwart eines SO_2-Überschusses oder auch in Gegenwart eines Aminüberschusses möglich ist. Die Dreieckskoordinatendiagramme in den Abb. 4 und 5 veranschaulichen das eben Gesagte und zeigen, daß man bei ge-

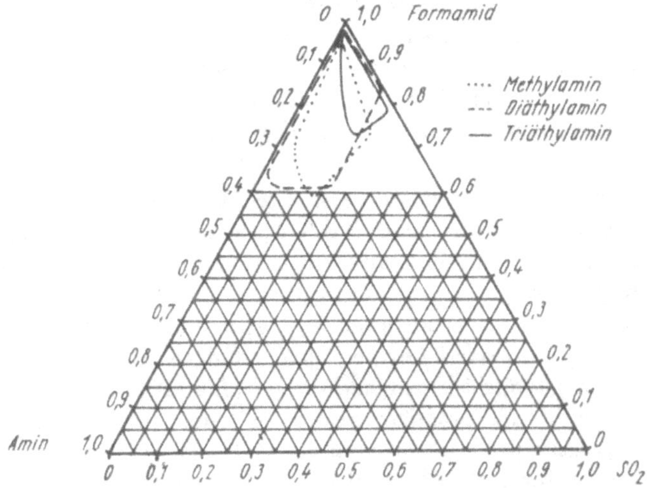

Abb. 4. Löslichkeit eines Fichtensulfitzellstoffs im System Formamid-Schwefeldioxid-Amin bei 20 °C und einem Flottenverhältnis Cellulose : Lösungsmittelgemisch 1:100

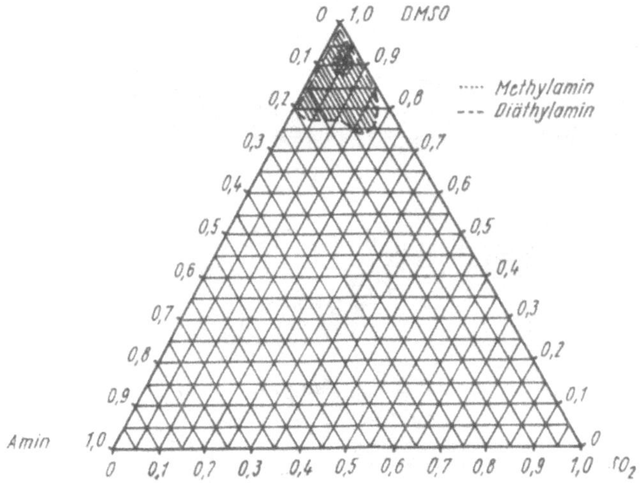

Abb. 5. Löslichkeit eines Fichtensulfitzellstoffs im System DMSO-Schwefeldioxid-Amin bei 20 °C und einem Flottenverhältnis Cellulose : Lösungsmittel 1:100

eigneter Wahl bei Amin und Drittkomponente schon mit recht geringen SO_2-Konzentrationen eine gute Lösewirkung erzielen kann, während mit $SOCl_2$ anstelle von SO_2 dieser lösend wirkende Bereich im allgemeinen schmaler und die Lösungen selbst instabiler sind. Analog zum Verhalten der Lösungen niedrig substituierter Cellulosederivate, bei denen man auch den Substitutionsgrad nach erfolgter Lösung wesentlich herabsetzen kann, ohne daß eine Wiederausfällung eintritt, läßt sich auch bei den nichtwäßrigen Celluloselösungen nach erfolgter Auflösung die Konzentration an aktiven Lösemittelkomponenten verhältnismäßig weit herabsetzen, ohne daß die Lösung geliert oder sich Cellulose als separate Phase abscheidet.

Eine morphologische Verfolgung des Löseprozesses der Cellulose in nichtwäßrigen Medien ergibt wesentliche Unterschiede gegenüber den sonst analytisch oder technisch angewandten wäßrig alkalischen Systemen. Die für letztere charakteristische Kugelbauchquellung als Zwischenstadium des Löseprozesses wird in nichtwäßrigen Systemen kaum beobachtet. Hier erfolgt vielmehr ein rasches Auflösen von der Faseroberfläche her, ohne daß dabei außer einer gewissen Längsfibrillierung typische Quellungsformen auftreten (Abb. 6). Man könnte dieses Verhalten der nichtwäßrigen Systeme mit einer raschen Verbindungsbildung und raschen Solvatation bei verzögertem Eindringen der im Vergleich zu Wasser verhältnismäßig großvolumigen organischen Moleküle in Ver-

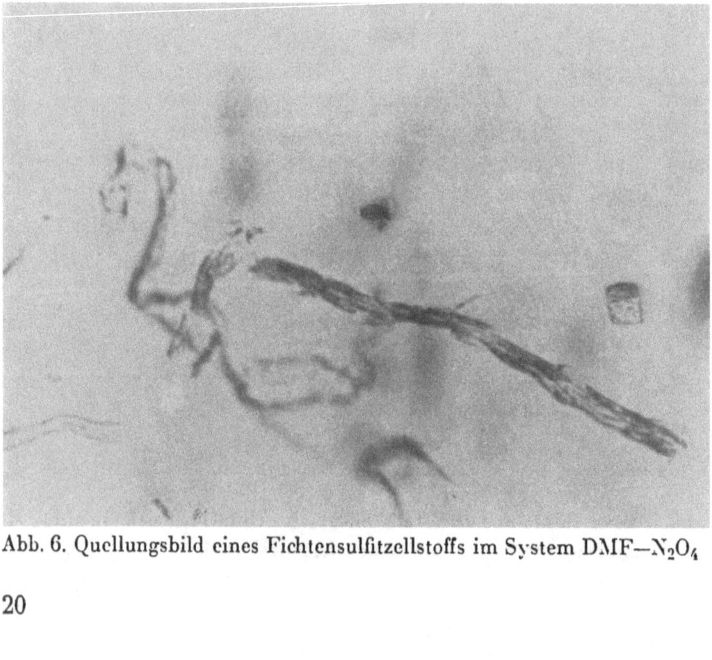

Abb. 6. Quellungsbild eines Fichtensulfitzellstoffs im System DMF—N_2O_4

bindung bringen, wobei diese Annahme durch eine Reihe anderer experimenteller Beobachtungen gestützt wird.

Man kann auch in diesen nichtwäßrigen Systemen bis zu Cellulosekonzentrationen von etwa 5—10% gelangen, wobei die Viskosität dieser Lösungen sehr wesentlich vom angewandten Lösemittelsystem abhängt, unter vergleichbaren Scherbedingungen jedoch zumeist höher liegt als bei Viskosespinnlösungen vergleichbarer Cellulosekonzentration und vergleichbaren Polymerisationsgrades. Beim Regenerieren der Cellulose aus nichtwäßrigen Lösungen entsteht im allgemeinen eine mehr oder minder schlecht geordnete Cellulose II, also dieselbe Modifikation wie sie auch in den Regeneratfäden des Viskoseprozesses vorliegt. Nur in einem speziellen Falle, nämlich bei Regenerieren aus dem System DMSO-Methylamin mit einer nur begrenzten Lösekraft, wurde teilweise Cellulose I gebildet.

Vergleicht man abschließend die beiden hinsichtlich des heute erreichten Erkenntnisstandes in diesem Vortrag im Überblick unter subjektiver Betonung eigener Ergebnisse resümierten Wege der Gewinnung von Celluloselösungen einmal über wäßrige Lösungen niedrig substituierter Derivate, zum anderen über Lösevorgänge in nichtwäßrigen Medien, so bieten zweifellos beide Richtungen dem Cellulosechemiker wissenschaftlich lohnende interessante neue Fragestellungen und sind geeignet, zur Lösung grundsätzlicher und aktueller Probleme der Polymerforschung beizutragen, nämlich im ersten Falle zu dem für alle polymerchemischen Modifizierungsreaktionen aktuellen Problem der methodischen und begrifflichen Erfassung von Substituentenverteilungen und deren präparativer Steuerung beim Modifizierungsvorgang, im zweiten Falle einer Schließung der in der Cellulosechemie offenen Lücke zwischen den begrenzten Quellprozessen in organischen Medien und den in ihrem Mechanismus relativ gut bekannten Lösevorgängen in wäßrig alkalischen Systemen, wobei gleichzeitig das hier entwickelte EDA-Konzept möglicherweise generell eine bessere Erfassung der Wechselwirkung zwischen polaren Polymeren und polaren Flüssigkeiten ermöglicht und damit vielleicht eine sinnvolle Ergänzung des in solchen polaren Systemen oft zu unspezifischen Löslichkeitsparameterkonzepts darstellt. Hinsichtlich der praktischen Nutzung und technologischen Realisierung möchten wir für die nähere Zukunft den über niedrig substituierte Derivate führenden Weg eindeutig die größeren Chancen einräumen, wenn es einesteils gelingt, durch eine möglichst gleichmäßige Substituentenverteilung mit sehr niedrigen Substitutionsgraden zu löslichen Produkten zu gelangen und gegebenenfalls sogar durch Abspaltung der eingeführten Substituenten nach der Auflösung eine Störung der Cellulosestruktur beim Wiederausfällen als Faden oder Folie weitgehend zu vermeiden, und man andererseits geeignete Möglichkeiten zur Verspinnung der Lösungen und zur Nachbehandlung der Fäden findet. Der über nichtwäßrige Lösungen führende Weg muß hinsichtlich der praktischen Realisierbarkeit zweifellos nach einzelnen Systemgruppen differenziert betrachtet werden. Was die hier behandelten Systeme anbelangt, so werden nitrosylgruppenhaltige sicher auch in Zukunft wohl überwiegend vom wissenschaftlichen Interesse sein und allenfalls zur Herstellung spezieller Cellulosederivate mit Hilfe der erwähnten irreversiblen Substitutionsreaktionen in Frage kommen. Sie stellen auf keinen Fall eine Alternative zum Viskoseprozeß dar, zumal lediglich ein umweltfeindliches System durch ein anderes ersetzt würde. Für die Dreikomponentensysteme aus SO_2, Amin und polarer Drittkomponente, bei denen es möglich ist, die Aminkomponente durch Ammoniak zu ersetzen, kann eine endgültige Aussage noch nicht getroffen werden. Zweifellos stehen einer technischen Realisierung auch hier neben der Umweltfeindlichkeit einzelner Komponenten noch viele ungelöste Probleme entgegen, wie z. B. Schwierigkeiten bei der Herstellung konzentrierter Lösungen, die irreversiblen Nebenreaktionen zwischen den Komponenten, die Korrosivität des SO_2 und nicht zuletzt die Probleme der Rückgewinnung und Aufarbeitung solcher Mehrkomponentensysteme im oder nach einem Spinnprozeß. Andererseits bieten solche Systeme die Möglichkeit, nicht nur langkettige native Fasercellulosen homogen aufzulösen, sondern gegebenenfalls auch gepfropfte Produkte oder andere Polymere mit Cellulose gemeinsam in Lösung zu bringen, wobei in diesem Zusammenhang nur die durch eigene Experimentaluntersuchungen nachgewiesene Möglichkeit erwähnt sei, nach einem sehr milden Aufschlußprozeß, die Polysaccharidkomponente und die mehr oder minder abgebaute Ligninkomponente des Holzes gemeinsam in Lösung zu bringen. Mit dieser vergleichenden Einschätzung möchte ich meinen Vortrag beenden und dabei anschließend darauf hinweisen, daß es sich bei der gewählten Thematik nicht um ein in sich abgeschlossenes Arbeitsgebiet, sondern vielmehr um eine mitten in der Bearbeitung stehende Forschungsaufgabe handelt.

Literatur

[1] Sadovnikova, V. I., und I. N. Kim: Einsatz von hochsubstituierter Cyanäthylcellulose zur Herstellung von Faserstoffen. Chim. Volokna (1973) 3, S. 72—73.

[2] Nakao, O.: Neue Verfahren zum Auflösen von Cellulose und/oder Cellulosecopolymeren. Sen-i To Kogyo 4 (1971) S. 128—134.

[3] Hata, K., und K. Yokota: Solution of cellulose. Sen-i Gakkaishi 22 (1966) S. 96—102.

Rudolf Münze

Möglichkeiten und Grenzen der Radioisotopenanwendung bei der Untersuchung physikochemischer Prozesse

Was können radioaktive Isotope und was können sie nicht? Diese Frage aus der Sicht physikochemischer Probleme zu diskutieren, soll Gegenstand meines Beitrages auf diesem Festkolloquium zu Ehren von Kurt Schwabe sein, gehört er doch zu den Pionieren der Radioisotopenanwendung in unserer Republik überhaupt. In zahlreichen persönlichen wissenschaftlichen Arbeiten und als Leiter mehrerer Forschungsstellen hat er vor allem in den fünfziger und sechziger Jahren überzeugende Beispiele für eine sachgerechte und erfolgreiche Nutzung dieser Methoden geliefert.

Einschätzung und auch Wertschätzung dieses Arbeitsgebietes bewegten sich in den vergangenen zwanzig Jahren in dem weiten Feld zwischen übersteigerten Hoffnungen auf ein nunmehr alle offenen experimentellen Fragen bewältigendes Allheilmittel bis zur konservativen Ablehnung und Negierung der echten neuen Potenzen der nuklearen Methoden.

Ich habe nicht die Absicht, diese Diskussion hier in diese Versammlung zu tragen. Als Mitarbeiter eines Institutes, das für die Erzeugung der notwendigen Nukleide und für einen guten Teil der Erforschung der Chemie der radioaktiven Elemente in unserer Republik verantwortlich ist, muß ich die noch immer stetig steigenden Anforderungen aus allen Bereichen der Wissenschaft und Technik akzeptieren und versuchen, sie nach besten Kräften zu erfüllen.

In den vergangenen zwanzig Jahren Kernforschung in der DDR wurden von Jahr zu Jahr mehr Radionuklide eingesetzt. Noch heute bewegen sich die Zuwachsraten konstant bei etwa 15—20%. Über 700 Institutionen setzen radioaktive Isotope zur Lösung ihrer Probleme ein. Der Kreis der Anwender wächst langsam, aber stetig.

Kurt Schwabe war in den entscheidenden sechziger Jahren Leiter des Bereiches Radiochemie im Zentralinstitut für Kernforschung Rossendorf und hat damit einen bedeutenden persönlichen Anteil an dieser erfolgreichen Entwicklung. Sie ist ein Beispiel neuer Arbeitsrichtungen, die unter seiner Führung erfolgreich den Weg von der Grundlagenforschung bis zur Technologie durchlaufen haben.

Die Frage nach den Möglichkeiten der Anwendung radioaktiver Isotope zum Studium physikochemischer Probleme zielt vielmehr auf die Ursache, auf das gesellschaftliche Bedürfnis, das die Triebkraft der hier erwähnten Entwicklung darstellt, einer Entwicklung, die wesentliche Einflüsse auf nahezu alle Naturwissenschaften und Volkswirtschaftsbereiche ausübt.

In den klassischen Arbeiten von Otto Hahn über die Isotopenverteilung bei der Mitfällung, Mitkristallisation und über die Emanationskraft radioaktiver Stoffe und vor allem in dem so einfachen wie genialen Prinzip der Isotopenverdünnung und der Radioaktivierungsanalyse von Hevesy sind die grundlegenden Methoden zu sehen, die auch heute noch in vielfältiger Abwandlung und Kombination das Gebiet der modernen Radionuklidanwendung prägen. Wesentliche Neuentwicklungen sind in dem in den sechziger Jahren entwickelten Prinzip der substöchiometrischen Verteilung von Ruzicka und Stary zu sehen, das durch eine geschickte Kombination von Isotopenverdünnung und Stoffverteilung zu verblüffend einfachen hochempfindlichen und selektiven Analysenmethoden führt, die mit der üblichen Laboratoriumsausrüstung durchführbar sind.

Auf biochemischem und medizinischem Gebiet hat eine ähnliche Kopplung hochselektiver Stoffverteilung, hier Hormon-, Gen-Antigen und anderer korrespondierender Reaktionspartner mit einer hochaktiven Markierung die Grenzen der Bestimmbarkeit komplizierter Eiweißkörper und Wirkstoffen in den 10^{-10} g-Bereich als Laboratoriums-Routine-Methode verschoben.

Möglichkeiten und Grenzen all dieser und künftiger Entwicklungen sind in den beiden Prämissen

— vernachlässigbare Abweichungen im chemischen Verhalten der Isotopen eines Elements,

Unabhängigkeit der Emission empfindlich nachzuweisender Strahlung vom physikalischen und chemischen Zustand des Systems,

— vernachlässigbare Veränderungen der zu untersuchenden Prozesse von der im System absorbierten Strahlung

eingeschlossen.

Der Meßeffekt, die Kernstrahlung offenbart direkt, zumindest in der überragenden Zahl der Anwendungen, nichts über die chemische Umgebung des strahlenden Atoms. Alle Aussagen sind daher prinzipiell nur im Zusammenhang mit anderen chemischen oder physikalischen Untersuchungen zu erhalten.

Kommen wir zu den Möglichkeiten. Mit Errichtung zahlreicher Kernreaktoren sind prinzipiell alle Elemente radioaktiv zu markieren. Leider begrenzen die geringen Halbwertszeiten für Sauerstoff und Stickstoff die Zeitskala damit zu untersuchender Vorgänge auf wenige Minuten bis Stunden. Die erreichbare Radioaktivität eines Elementes, von der entscheidend die Empfindlichkeitsgrenze der damit zu untersuchenden Vorgänge abhängt, ist eine Funktion der Halbwertszeit und der Aktivierungswahrscheinlichkeit. So kann man z. B., wenn man als Nachweisgrenze 1 Nanocurie, das sind 37 Zerfälle/s, wählt, noch

8.10^{-11} g J	$T_{1/2}(^{131}J)$	$= 8{,}06$ d
9.10^{-9} g Co	$T_{1/2}(^{60}Co)$	$= 5{,}24$ a
2.10^{-7} g C	$T_{1/2}(^{14}C)$	$= 5570$ a
3.10^{-3} g U	$T_{1/2}(^{238}U)$	$= 4{,}49.10^{9}$ a

nachweisen.

Die Aktivierungswahrscheinlichkeiten, die die Ausbeute an radioaktiven Nukliden durch die Kernreaktionen ihrer Erzeugung begrenzen, liegen in einem weiten Bereich von etwa 7 Größenordnungen. Die Tatsache, daß sich die Elemente, die in der Natur nur in geringen Spuren vorkommen, am besten aktivieren lassen, während umgekehrt die häufigsten Elemente nur verhältnismäßig geringe Aktivierungswahrscheinlichkeiten aufweisen, hängt mit der Entstehung der Elemente im Weltall über Kernreaktionen zusammen. Diejenigen mit der größten Reaktionswahrscheinlichkeit gegen Kernreaktionen sind nur noch in geringem Umfang vorhanden. Daraus folgt, daß Analysenmethoden, die die Radioaktivierung ausnutzen, die höchsten Empfindlichkeiten bei den Elementen zeigen, die in geringsten Spuren in der Natur vorkommen.

Der empfindliche Nachweis radioaktiver Elemente, oft sogar zerstörungsfrei und ohne Störung des untersuchten Systems zusammen mit der Unabhängigkeit von den äußeren und molekularen Bedingungen eröffnet eine breite Skala von Untersuchungen. Sie reichen vom Studium der Stofftransporte in großen technischen Anlagen und geologischen Formationen bis zur Aufklärung molekularer Prozesse.

Gestatten Sie mir, einige wenige Beispiele aus der Physikalischen Chemie zu erwähnen, die diese Aussage demonstrieren sollen.

Eines der bekanntesten Phänomene des Stofftransports in chemisch identischer Umgebung ist die Selbstdiffusion in festen, flüssigen und gasförmigen Systemen. Erst mittels radioaktiver Isotope war es möglich, diesen Effekt, der theoretisch voll erfaßt werden kann, experimentell zu bestimmen. Abweichungen von den berechneten Werten lassen wertvolle Schlüsse auf Bereiche gestörter zwischenmolekularer Potentiale auch in solchen Systemen zu, bei denen Methoden wie die elektrische Leitfähigkeit nicht angewendet werden können.

Ein verwandtes Problem ist die Bestimmung der Ionenbeweglichkeit vor allem in konzentrierteren Elektrolytlösungen; eröffnet doch diese Größe einen kinetischen Zugang zu den äußerst komplizierten zwischenionischen Feldern in derartigen Lösungen. Die Anwendung radioaktiver Nuklide ermöglicht es in diesem Falle, nicht nur die Einzelionenbeweglichkeiten direkt zu bestimmen, das ist bekanntlich bei gefärbten oder anderweitig ausgezeichneten Ionen auch mit klassischen Verfahren möglich. Man hat hier durch Wanderung in chemisch identischer Umgebung die Möglichkeit, ohne Störungen durch Grenzschichten oder andere Phänomene auch in höher konzentrierten Lösungen des wandernden Ions zu messen. Damit sind Informationen zu erhalten, die für die moderne Theorie der Elektrolytlösungen, ein Gebiet auf dem Kurt Schwabe bedeutende international bekannte Ergebnisse erreicht hat, und das er heute noch erfolgreich weiterführt, von großer Bedeutung sind.

Die Nernstsche Theorie der Metallelektroden sieht im Ionendurchtritt durch die Grenzfläche Metall/Lösung den potentialbestimmenden Vorgang. Im Gleichgewichtszustand, d. h. an der stromlosen Elektrode, soll dieser Durchtritt in beiden Richtungen gleich häufig erfolgen. Der totale Stoffumsatz ist Null, mit klassischen Methoden also nicht mehr erfaßbar. Trotzdem ist die Geschwindigkeit dieses Prozesses im Gleichgewicht von großer Bedeutung, kennzeichnet er doch die Fähigkeit des Systems, auf äußere Störungen zu reagieren, kurz ausgedrückt, seine mehr oder weniger ausgeprägte Reversibilität. Diese sogenannte Austauschstromdichte, bzw. der äquivalente Stoffwechsel über die Grenzfläche kann elektrochemisch aus dem Polarisationsverhalten bestimmt werden. Durch Messung des Radioaktivitätsaustauschs aus einer radioaktiven Elektrode in die umgebende Lösung oder umgekehrt kann man ihn direkt verfolgen und damit oft eine Entscheidung über den zugrunde liegenden Mechanismus fällen.

Ich habe damit ein Problem angeschnitten, das unmittelbar zu den überaus erfolgreichen Untersuchungen von Kurt Schwabe über die Mechanismen an Elektrodengläsern führt, die entscheidende Beiträge für das Verständnis dieses Systems und zugleich für ihre technische Vervollkommnung geliefert haben. Gestatten Sie mir, in diesem Rahmen etwas näher darauf einzugehen.

Die Untersuchungen von Kurt Schwabe an Glaselektroden in den fünfziger und sechziger Jahren sind ein typisches und auch lehrreiches Beispiel der Leistungsfähigkeit der Radioisotopentechnik für das Studium physikochemischer Prozesse. Sie demonstrieren gleichzeitig die Behauptung, daß derartige Messungen nicht für sich stehen, sondern nur im Zusammenhang mit anderen physikochemischen Größen zu wesentlichen wissenschaftlichen Erkenntnissen führen.

Worin bestand das Problem? Die Messung der Wasserstoffionenaktivität, einer der wichtigsten Parameter für das chemische Geschehen in wäßrigen Lösungen, erfolgt heute nahezu ausschließlich mit Glaselektroden.

Die elektrochemischen Vorgänge in diesem komplizierten mehrphasigen Elektrodensystem waren nicht ausreichend bekannt, vor allem in den Bereichen, in denen Abweichungen von der Wasserstoffunktion deutlich werden. Ein wesentlicher Vorteil dieser Elektroden, ihr äußerst geringer Stoffumsatz in der Größenordnung von 1 μ/cm^2 und damit äußerst geringe Störung der zu untersuchenden Systeme, verhindert andererseits die Anwendung klassischer Methoden der Elektrodenkinetik in diesem Falle.

Ausgehend von Arbeiten von Horovitz, Leng, Hensley, Long und Miller sowie Ismailow und Wasiljew gelang es Kurt Schwabe in grundlegenden und eindeutigen Experimenten wesentliche Erkenntnisse bei der Erklärung der Säure- und Alkalifehler zu finden.

So war es z. B. möglich, durch Messung der Säureaufnahme mit radioaktiv markierter HCl, HBr, HJ, H_2SO_4 und H_3PO_4 zwischen den derzeit diskutierten Mechanismen zu unterscheiden. Die Ursache der Potentialabweichungen im stark sauren Gebiet mußte eine Erhöhung der H^+-Ionenaktivität in der Quellschicht der Elektrode sein. Die Versuche bewiesen, daß die Halogenwasserstoffsäuren und davon wieder Salzsäure bei höheren Konzentrationen tatsächlich in die Elektrode eindringen. Die aufgenommene Menge erwies sich als proportional zum Säurefehler. Aus der Theorie der Phasengrenzpotentiale folgt ein Zusammenhang zwischen der Aufnahmegeschwindigkeit und dem Gleichgewichtsdampfdruck über der Säure. Dieser Zusammenhang konnte quantitativ bestätigt und damit die herausragende Rolle der Salzsäure in bezug auf den Säurefehler verstanden werden. Schwefel- und Phosphorsäure drangen nicht in die Quellschicht ein. Hier konnte nur eine Veränderung der Wasseraktivität durch Entwässern der Membran Ursache für den Säurefehler sein. Auch hier konnte der quantitative Zusammenhang bewiesen werden.

In ähnlich beispielhafter Weise wurden die Vorgänge im neutralen und alkalischen Bereich untersucht. Hierzu wurden Tritium und Radionuklide der Alkalien eingesetzt. Typisch für das Bestreben, möglichst sichere Ergebnisse zu erhalten, war auch hier die experimentelle Konzeption. Es wurden nicht nur die Austauschvorgänge von der Lösungsseite her untersucht, sondern auch der Übergang radioaktiver Ionen aus der Glasphase in die Lösung, obgleich unter den damaligen Bedingungen die Bewältigung der hohen Aktivitäten und die wenige Minuten nach Reaktorbestrahlung notwendige Bearbeitung nicht unbeträchtliche Schwierigkeiten verursachte. Es konnte übereinstimmend festgestellt werden, daß die Alkaliionen mit konstanter Geschwindigkeit in die Lösung abgegeben werden, während die H^+-Konzentration einen konstanten Wert beibehält. Daraus ergab sich die Vorstellung einer sich an der Grenzschicht : Quellschicht-Lösung stetig lösenden und an der Grenzfläche : Glas-Quellschicht mit der gleichen Geschwindigkeit nachwachsenden etwa 5 nm starken potentialbestimmenden Schicht. Ältere Vorstellungen über den Durchgang von H^+ konnten damit eindeutig widerlegt werden.

Diese wie auch andere Ergebnisse, und das ist ein Charakterzug von Kurt Schwabe, fanden Niederschlag in der Entwicklung neuer leistungsfähiger Glaselektroden, die in dem von ihm geleiteten Forschungsinstitut Meinsberg produziert werden und in zahlreichen Betrieben und Laboratorien des In- und Auslands täglich ihre Zuverlässigkeit unter Beweis stellen. Sie weisen auf seine Grundhaltung hin, die immer auf eine enge Verbindung zwischen exakter Forschung mit hoher wissenschaftlicher Relevanz und volkswirtschaftlicher Notwendigkeit abzielt.

Dieses eine Beispiel muß hier genügen. Die Aktivitäten und Interessen von Kurt Schwabe auf dem hier zur Rede stehenden Gebiet, das nur eine Seite seiner umfassenden wissenschaftlichen Tätigkeit darstellt, sind ungleich vielfältiger. Sie reichen von den bekannten Adsorptionsstudien radioaktiver Anionen an sauerstofffreien Metalloberflächen, die in ingeniöser Weise der Korrosionsforschung neue Wege erschlossen haben und eine wesentliche Stütze eines neuen Modells der Passivität sind, über Untersuchungen an radioaktiven Elementen selbst bis zum Einsatz von Kernstrahlung als möglichen Katalysator bei Elektrodenprozessen. Unter den vielen Arbeiten sollen nur Untersuchungen zum elektrochemischen Verhalten von Promethiumionen, des Plutoniums und Urans, neue elektroanalytische Verfahren zur Bestimmung von Kernbrennstoffen erwähnt werden, Untersuchungen, die heute die Grundlage für industriell wichtige Beiträge des Zentralinstituts für Kernforschung bei der Erhöhung der Kernbrennstoffökonomie bilden.

Kurt Schwabe, der neben seinen verantwortungsvollen Aufgaben als Rektor der Technischen Universität Dresden, als Direktor des Instituts für Elektrochemie und physikalische Chemie dieser Universität, Direktor des Forschungsinstituts Meinsberg und Vorsitzender oder Mitglied zahlreicher wissenschaftlicher Gremien gleichzeitig zehn Jahre den Bereich Radiochemie des Zentralinstituts für Kernforschung Rossendorf leitete, hat einen hohen Anteil an der erfolgreichen Entwicklung der Isotopenanwendung in der DDR. Viele Arbeitsrichtungen, die heute ihre volkswirtschaftliche Bedeutung eindrucksvoll unter Beweis gestellt haben, wie die nukleare Analytik, die Chemie der radioaktiven Elemente, die Herstellung radioaktiver Isotope und die Strahlenchemie sind unter seiner umsichtigen und verständnisvollen Leitung entstanden. Es ist uns eine hohe Verpflichtung, diese Arbeiten in seinem Sinne weiter zu entwickeln und zu bewahren.

Der sehr erfolgreiche Einsatz radioaktiver Nuklide bei der Lösung physikochemischer Fragestellungen, den ich nur an wenigen Beispielen demonstrieren konnte, provoziert natürlich die Frage nach den Grenzen dieser Methode. Ich habe bei dieser Fragestellung nicht die Hemmnisse materieller oder ideologischer Art im Sinne, die einer sachgemäßen Nutzung dieses sehr effektiven Forschungsmittels noch hier und da im Wege stehen. Diese noch in den sechziger Jahren im Brennpunkt der Diskussion stehende Problematik kann im allgemeinen als gelöst gelten. Wir verfügen heute über die notwendigen Kapazitäten für Isotopenuntersuchungen in den verschiedenen Wissenschaftszweigen und Volkswirtschaftsbereichen bzw. bauen sie auf. Die aufgeworfene Frage zielt vielmehr auf die gegenwärtig erkennbaren prinzipiellen Schranken, die in der Natur des Problems selbst liegen. Die Diskussion solcher Schranken sollte vor allem deshalb nützlich sein, da sie zu den Ansatzpunkten einer möglichen Weiterentwicklung führt.

Aus erster Sicht kann man folgende Fragestellungen aufwerfen, die in sehr unterschiedlicher Weise beim heutigen Stand der wissenschaftlichen Erkenntnis als klar erscheinen mögen. Das sind:

- Die nicht exakte chemische und physikalische Identität der Isotopen eines gegebenen Elementes,
- die Störung der untersuchten Systeme durch den Meßeffekt, die radioaktive Strahlung,
- die Konzentrationsabhängigkeit des Verlaufs chemischer Reaktionsfolgen vor allem in Bereichen, in denen Begegnungen der radioaktiven Reaktionspartner unwahrscheinlich werden und
- die Grenzen der makroskopischen Beschreibbarkeit chemischer Systeme bei kleinen Teilchenzahlen.

Die im ersten Punkt ausgedrückten Isotopieeffekte sind weithin bekannt und sollen deshalb nur kurz erwähnt werden.

Unterschiede in der Geschwindigkeit und Gleichgewichtslage chemisch identischer, aber nichtisotoper Systeme haben ihre Ursache in der Masseabhängigkeit einiger Faktoren der statistischen Verteilungsfunktionen. Das betrifft vor allem jedwede Art von Massenbewegungen wie Translation, Schwingung und Rotation. Aber auch quantenstatistische Unterschiede, wie die Unterscheidbarkeit von nichtisotopen Kernen in gleichatomigen Molekülen verändern die Zustandssumme der betreffenden Molekel, damit ihre thermodynamischen Eigenschaften und im Sinne der Theorie des chemischen Übergangszustands schließlich auch die kinetischen Parameter. Da in diese Beziehungen reduzierte Massen eingehen, sinkt der Isotopieeffekt mit wachsender Massenzahl sehr schnell auf sehr kleine Beträge (Promille bis höchstens Prozent) ab. Mit Ausnahme der sehr leichten Kerne, z. B. der drei Wasserstoffisotopen Protium, Deuterium und Tritium, äußern sich diese Effekte erst bei vielstufigen Trennprozessen durch Multiplikation des Elementareffekts. Es gibt aber auch überraschende Ausnahmen.

So beobachtet man gelegentlich bei sehr selektiven biochemischen Prozessen wie Enzymwirkungen beträchtliche Unterschiede zwischen den chemischen Ausbeuten und der Radioaktivitätsverteliung, obgleich die Größe der Molekülmasse dies eigentlich ausschließen sollte. Hier liegen meist Protonentransferreaktionen vor, bei denen der geschwindigkeitsbestimmende Schritt im wesentlichen durch einen Wasserstoffaustausch bestimmt wird.

Andere Abweichungen treten z. B. bei bestimmten photochemischen Vorgängen auf, bei denen die Reaktionspartner unterschiedliche atomare Energieniveaus aufweisen. So liegt z. B. der erste Anregungszustand des U-235-Kerns so wenig über dem Grundzustand, daß er mit Laserlicht angeregt werden kann. Damit erhält man sehr selektiv chemisch reaktive Spezies des Uran-235, die zu einer wirksamen chemischen Isotopentrennung ausgenutzt werden können. Kürzlich erschienene internationale Patente zu dieser Frage zeigen, daß hier durchaus noch attraktive Fragestellungen vorliegen. Ein länger bekanntes ähnliches Beispiel ist die photometrische Isotopentrennung der Quecksilberisotopen, die vor allem für die Produktion des kurzlebigen Hg-197 als Ausgangsstoff wichtiger Nuklearpharmaka Bedeutung hat. Hier erfolgt die Trennung sehr einfach durch selektive Oxydation des Hg-196 in Gegenwart von Sauerstoff während der Bestrahlung mit Licht, das von eben diesem Isotop emittiert wird.

Offene Probleme in bezug auf diese Fragestellung scheinen auch bei extrem langdauernden Prozessen unter geologischen und kosmologischen Bedingungen vorzuliegen. So wurden in den letzten Jahren eine Reihe von Fällen veröffentlicht, bei denen beträchtliche, man kann schon sagen extreme Abweichungen der Isotopenzusammensetzung beobachtet wurden. Ich darf hier z. B. an bestimmte afrikanische Uranlagerstätten, aber auch an Meteorite und vulkanische Materialien erinnern. Es ist noch nicht ganz klar, ob diese großen Abweichungen ihren Grund in sehr effektiven Isotopentrennprozessen während geologischer Prozesse und Zeiträume haben, oder aber in stattgefundenen Kernreaktionen ihre Erklärung finden. Es gibt eine Reihe derartiger Abweichungen, die scheinbar die Existenz superschwerer Kerne stützen.

Ich darf mich damit der zweiten Frage zuwenden. Die radioaktive Strahlung ist die Grundlage für die empfindliche und zustandsunabhängige Detektion kleinster Elementgehalte. Sie ist gleichzeitig die Quelle möglicher Störungen. Dieses Problem tritt heute vorzüglich in der Chemie der Radioelemente selbst, aber auch bei den gegenwärtig möglichen höchstempfindlichen Bestimmungen biochemischer Wirkstoffe mittels radioaktiver Methoden auf. Da Strahlenwirkung und Empfindlichkeit eines radiochemischen Verfahrens notwendig proportional sind, existieren objektive Grenzen für eine immer weitere Steigerung der Empfindlichkeit solcher Nachweise, da sich den gesuchten Effekten zunehmend Radiolyseerscheinungen überlagern. So kann man gegenwärtig

Peptid- und auch Steroidhormone im Bereich von etwa 10^{-10} g/l mit einer Radioreagenztechnik nachweisen, die im Prinzip darauf beruht, daß radioaktiv markierte Hormone mit dem in der Untersuchungslösung vorhandenen natürlichen Wirkstoff um einen spezifischen Bindungspartner konkurrieren. Man erreicht damit den Konzentrationsbereich, der im Organismus normalerweise vorliegt, ist aber auch damit schon an der Grenze. Eine weitere Empfindlichkeitssteigerung ist durch Erhöhung der spezifischen Radioaktivität in einigen Fällen noch möglich, führt aber zu so labilen Substanzen, daß eine sinnvolle Interpretation der Ergebnisse nicht mehr gegeben ist. Solche Strahlenwirkungen sind gegenwärtig nur von Fall zu Fall experimentell abzuklären. Begründete Vorstellungen, die verallgemeinerungsfähig wären, sind leider noch nicht vorhanden. Selbst bei relativ einfachen Systemen, etwa Aminosäuren, ist eine vollständige Analyse der entstehenden Produkte und ihrer Bildungsreaktionen noch nicht gelungen.

Hohe spezifische Radioaktivität führt bei Redox-Systemen häufig zu einer Veränderung des Ruhepotentials, das dann nicht mehr mit dem Gleichgewichtspotential übereinstimmt. Die gemessenen Werte repräsentieren vielmehr einen stationären Zustand, bei dem die Strahlenwirkung entweder als chemisch wirksame Radikale bei flüssigen Systemen oder als Veränderungen der Ladungsträgerkonzentrationen bei Festkörpern mit in die Energiebilanz eingeht. So findet man z. B. bei den Transuranelementen, die sich durch eine intensive Alphastrahlung auszeichnen, häufig Verschiebungen der stationären Konzentrationen der einzelnen Oxidationszustände, die auf solche Effekte zurückzuführen sind. Im extremen Falle, z. B. bei der Kette Bk^{3+}/Bk^{4+} ist eine Potentialmessung auf elektrochemischem Wege überhaupt nicht sehr sinnvoll. Das Gleichgewichtspotential kann dann zuverlässiger durch Messung der Gleichgewichtskonzentrationen in Redoxpuffern bei sehr großer Verdünnung mittels geeigneter Verteilungsmethoden bestimmt werden. Auf diese Weise wurde auch kürzlich das Potential des Paares Md^{1+}/Md^{2+} durch Kokristallisation mit Alkalichloriden zugänglich.

Besonders äußern sich solche Phänomene bei Grenzflächenerscheinungen. Hierzu sind z. B. die von Kurt Schwabe untersuchten Elektrodensysteme mit radioaktiven Elektroden, aber auch die von Spitzin beschriebenen katalytischen Effekte radioaktiv dotierter Materialien zu zählen. Man ist gegenwärtig noch weit entfernt von einer reproduzierbaren und verallgemeinerungsfähigen Aussage oder gar von einer Beeinflussung in gewünschter Weise. Trotzdem sind diese Effekte real. Sie äußern sich z. B. in der chemischen Kerntechnik selbst oft sehr drastisch in unterschiedlichen Reaktivitäten der bestrahlten und inaktiven Kernmaterialien.

Wenn man in Konzentrationsbereiche unter 10^{-7}—10^{-8} m/l kommt, dann beobachtet man häufig Änderungen der Reaktionsabläufe. Die statistische Wahrscheinlichkeit für das Zusammentreffen von Molekülen des so hochverdünnten Stoffes ist im Verhältnis zu anderen Störungen gering. Die Folge ist, das sich Dismutations- und Kondensationsgleichgewichte, wie sie oft für die Existenz mittlerer Oxidationsstufen oder hochmolekularer Isopolysäuren oder -basen verantwortlich sind, nicht mehr schnell genug einstellen. So existieren z. B. in radioaktiven hochverdünnten Jodlösungen Jodid, Jodat, Jod und eventuell auch noch Perjodat nebeneinander, während bei etwas höheren Konzentrationen die Jodid-Jodat-Reaktion vollständig ist. Ähnliche Reaktionen kann man zahlreich anführen. Hydrolysereaktionen führen in hochverdünnten Lösungen häufig zu völlig anderen Produkten. Man kann allgemein feststellen, daß bei Hydrolysereaktionen unter 10^{-7} m die Produkte im wesentlichen als Pseudokolloide, d. h. adsorbiert als Ionen oder Moleküle an kolloidale Verunreinigungen auftreten, deren physikalisches und chemisches Verhalten im wesentlichen das des Trägermaterials ist. Einmal in dieser Form findet eine Umwandlung nur schwer statt, so daß sich der Radiochemiker häufig mit der merkwürdigen Erscheinung konfrontiert sieht, daß trotz Zugabe größerer Mengen inaktiver Substanz und Abtrennung die Radioaktivität nicht mitgeht. Von entscheidender Bedeutung ist die Beachtung solcher Phänomene bei der Untersuchung von Spurengehalten in wäßrigen Medien, z. B. in natürlichen Wässern, in den Kühlkreisläufen von Kraftwerken u. a. So konnte z. B. festgestellt werden, daß bei der Untersuchung von Spurenelementen in Flußwasser mittels Aktivierungsanalyse und Radiomarkierung nur dann konsistente Ergebnisse erhalten werden, wenn in so sauren Bereichen gearbeitet wird, in denen alle Stoffe als einfache Ionen vorliegen. Bei höheren pH-Werten war das Isotopengleichgewicht zwischen den natürlichen Inhaltsstoffen und den zugesetzten radioaktiven Indikatoren noch nach 35 Tagen nicht eingestellt.

Gestatten Sie mir noch einige Sätze zum letzten Problem. Die Kernchemie selbst führt, und hier schließt sich der Kreis mit einer Inversion der Themenstellung, bei einigen hochaktuellen wissenschaftlichen Fragen in Bereiche, in denen die physikochemischen Grundlagen nicht mehr recht definiert sind. Bei den Versuchen zur Synthese der schwersten Elemente und ihrer chemischen Zuordnung studiert man häufig physikochemische Eigenschaften sehr kleiner Atomensembles, für die die statistisch-thermodynamischen Voraussetzungen eigentlich nicht mehr erfüllt sind. Ein solches Beispiel ist die Zuordnung des Elementes 104 zur vierten Gruppe des Periodensystems. Die wenigen Atome, die entstanden in einer Kernreaktion aus dem Ausgangsmaterial herausgeschleudert werden, bewegen sich in chlorierender Atmosphäre im Temperaturgradient und werden bei bestimmter Temperatur abgeschieden. Die Zuordnung zur vierten Gruppe erfolgt aufgrund thermodynamischer Argumente, indem die Adsorptionswärmen der Zirkon- und Hafniumchloride extrapoliert werden. Es ist sehr fraglich, ob solche Argumente noch im Bereich weniger Atome stichhaltig sind, obgleich sie in diesem Falle das erwartete Ergebnis liefern. Bei den hypothetischen superschweren Elementen, deren chemisches Verhalten keineswegs eindeutig aus ihrer Ordnungszahl herzuleiten ist, wird diese Problematik noch kritischer. Andererseits bietet aber die Radioaktivität die einzige Möglichkeit, experimentell in den subthermodynamischen Bereich einzudringen und damit das Übergangsgebiet zwischen Einzelatomreaktionen und statistischem Gleichgewicht zu untersuchen.

Meine Damen und Herren, hochverehrter Herr Schwabe, ich habe versucht, enige Fragen, die mit dem Einsatz radioaktiver Isotope für die Untersuchung physikochemischer Prozesse zusammenhängen, anzuschneiden. Man muß sie, Herr Schwabe, zu den ersten zählen, die diese Arbeitsrichtung in unserem Land aufgebaut und zu wesentlichen wissenschaftlichen und volkswirtschaftlichen Ergebnissen geführt haben. Ich hatte den großen Vorzug, als Ihr Mitarbeiter und Schüler zehn Jahre lang diese Arbeiten aus unmittelbarer Anschauung mitzuerleben. Diese Zeit war sehr wesentlich, formten sich doch die Anschauungen und Verhaltensweisen der Mitarbeiter, ihr Arbeitsstil und Berufsethos am sicher nicht zu erreichenden Vorbild des souveränen und zugleich äußerst bescheidenen Wissenschaftlers. Es ist heute kaum noch zu verstehen, wie ein Mann ein derartiges Pensum gesellschaftlicher, administrativer und öffentlicher Aufgaben bewältigen konnte, ohne die persönliche wissenschaftliche Aktivität einzubüßen oder die exakte Kenntnis über die Details der von Ihnen geleiteten wissenschaftlichen Arbeiten zu verlieren. Zweifellos ist Ihre auch heute unverminderte Arbeitsintensität und die Tatsache, daß sie Ihr Wirken bedingungslos in den Dienst der Wissenschaft und der Gesellschaft gestellt haben Schlüssel zu dieser Frage. Wir, ich darf hier für die Mitarbeiter sprechen, die im Zentralinstitut für Kernforschung das Glück hatten, solange im Wirkungskreis einer so bedeutenden Forscherpersönlichkeit zu arbeiten, haben Ihnen sehr viel zu verdanken. Ich möchte Ihnen zu dieser Gelegenheit noch viele Jahre ungebrochener Aktivität, das Gelingen Ihrer wissenschaftlichen Pläne und vor allem gute Gesundheit wünschen.

Hans Sonntag

Die Bedeutung elektrochemischer Vorgänge für die Stabilität disperser Systeme

Elektrische Erscheinungen spielen in der Kolloidchemie, d. h. der physikalischen Chemie der dispersen Systeme und der Grenzflächenerscheinungen, eine große Rolle, weil praktisch an allen Phasengrenzen Potentialdifferenzen auftreten. Die stoffliche Natur der aneinandergrenzenden Phasen bestimmt dabei die Erscheinungen wesentlich. Dispergiert man zum Beispiel feste Stoffe oder Flüssigkeiten in Gasen — dabei entstehen die sogenannten Aerosole —, so kann eine Ladungstrennung eintreten, die Dispersion enthält dann die gleiche Anzahl positiv und negativ geladener Teilchen. Teilchen unterschiedlichen Ladungsvorzeichens werden sich elektrostatisch anziehen, wenn sie sich auf Grund ihrer thermischen Bewegung bis zu einem gewissen Abstand genähert haben. Die elektrostatische Wechselwirkung wird durch das Coulombsche Gesetz beschrieben.

Komplizierter liegen die Verhältnisse bei Dispersionen in Flüssigkeiten insbesondere in Wasser, worauf im folgenden näher eingegangen werden soll. Dispersionen, deren Teilchen einen Durchmesser von 10—500 nm aufweisen, sind thermodynamisch nicht stabil. Die Koaleszenz, d. h. die irreversible Vereinigung der Teilchen unter Abnahme der Oberfläche der dispersen Phase erfolgt unter Abnahme der freien Enthalpie.

Die Koaleszenz kann jedoch ausbleiben, wenn die Teilchen in der wäßrigen Dispersion eine gleichsinnige elektrische Ladung tragen. Bei der Annäherung infolge der thermischen Bewegung entsteht eine Energiebarriere, die größer als die thermische Energie sein kann, so daß die Aggregation völlig ausbleibt. Die Lage der Barriere kann aber auch so sein, daß zunächst bei größerem Abstand ein Energieminimum existiert, so daß die Teilchen zwar aggregieren, nicht aber koaleszieren. Dabei entsteht eine sogenannte Koagulationsstruktur, die von vielen Autoren auch als Gel bezeichnet wird, die ebenfalls für das Arbeiten mit Dispersionen in der Praxis wichtig ist. Erinnert sei dabei an pigmentierte Polymer- oder an Baustoffdispersionen.

Nach diesen einführenden Bemerkungen soll etwas ausführlicher auf die elektrochemischen Vorgänge an Phasengrenzen eingegangen werden, wobei sich die Ausführungen auf die wäßrigen Dispersionen beschränken.

Die Aufladung der Teilchen in wäßriger Dispersion geschieht durch Übergang von Ionen aus der dispersen Phase in die Lösung infolge Dissoziation von polaren Gruppen, z. B. den Silanolgruppen in SiO_2-Dispersionen oder durch den Übergang von Ionen aus dem Gitter in die Lösung z. B. bei Metalldispersionen. Die Aufladung kann aber auch Adsorption von Ionen aus der Lösung an der dispersen Phase bewirkt werden, wie zum Beispiel durch bevorzugte Adsorption von H_3O^+ an der Wasser/Öl-Phasengrenze. Unabhängig vom Mechanismus der Ladungstrennung muß festgestellt werden, daß ein Teilchen bei genügend großem Abstand von der Teilchenoberfläche elektrisch neutral ist, weil die Zahl der Ladungsträger an der Phasengrenze durch eine gleichgroße Anzahl entgegengesetzt geladener Ionen, sogenannte Gegenionen, kompensiert wird. Die Anordnung der Ionen erfolgt in einer elektrochemischen Doppelschicht, deren Struktur deshalb für den Kolloidchemiker ein großes Interesse besitzt. Elektrostatische Kräfte werden nämlich erst dann wirksam, wenn sich die Doppelschichten gegenseitig durchdringen. Abgesehen davon, daß die Struktur der Doppelschicht an Phasengrenzen nur im begrenzten Maße bekannt ist, läßt sich auch die mathematische Beschreibung bei vorgegebenem Modell nur näherungsweise durchführen. Noch schwieriger sind die Verhältnisse, wenn die Teilchen Adsorptionsschichten von nichtionischen Tensiden oder Makromolekülen tragen, und der komplizierteste Fall liegt vor, wenn die Moleküle in der Adsorptionsschicht selbst dissoziieren können.

Betrachten wir zunächst den einfachen Fall, daß die Phasengrenze nicht durch Adsorptionsschichten von Tensiden und Makromolekülen modifiziert ist. Die Gegenionen unterliegen der thermischen Bewegung und können sich der Phasengrenze bis auf einen Abstand $x = \delta$ nähern. Diese Ebene fällt nicht mit der Teilchenoberfläche zusammen, sondern infolge der Hydration der Ionen besitzt dieser Abstand einen endlichen Wert, der etwa dem Radius des hydratisierten Ions entspricht. In dieser Schicht fällt das äußere Potential (oder Voltapotential) linear auf den Wert ψ_δ ab, das man Potential der diffusen Doppelschicht nennt und das für die elektrostatische Wechselwirkung die dominierende Rolle spielt.

Zur Berechnung der elektrostatischen Abstoßungsenergie benötigt man neben der Größe des ψ_δ-Potentials noch die Potentialfunktion ψ (x) in der Doppelschicht.

Prinzipiell der Messung zugänglich ist die Oberflächenladungsdichte σ_0, darauf wird später noch eingegangen. Sie steht mit der Raumladungsdichte ϱ (x) im Zusammenhang

$$- \sigma_0 = \int_{\delta}^{\infty} \varrho\,(x)\,dx \tag{1}$$

wenn die Vereinfachung zulässig ist, daß die sich in der Schicht $x = \delta$ befindende Zahl der Ionen nur durch die thermische Bewegung und nicht durch spezifische Adsorption bestimmt wird. Diese Voraussetzung ist nur in verdünnten Elektrolytlösungen zulässig.

Die Raumladungsdichte kann man aus der Ionenbilanz berechnen, es gilt:

$$\varrho\,(x) = e \sum z_i\, n_i\,(x) \tag{2}$$

Für die Ionenverteilung in der diffusen Doppelschicht nimmt man eine Boltzmannverteilung an:

$$n_+\,(x) = n \exp\left(-\frac{z\,e\,\psi_B\,(x)}{kT}\right);$$

$$n_-\,(x) = n \exp\left(\frac{z\,e\,\psi_B\,(x)}{kT}\right) \tag{3}$$

Sie gilt für vernachlässigbare Ionenvolumina.

Das Potential ψ_B (x) ergibt sich aus der COULOMBschen Arbeit, um ein Ion der Sorte i aus der Lösung auf den Abstand x an die Phasengrenze anzunähern.

Den Zusammenhang zwischen dem Potential ψ bei einem bestimmten Abstand x und der dazugehörigen Raumladungsdichte vermittelt die POISSONsche Gleichung:

$$\operatorname{div} \varepsilon\,(x)\,\operatorname{grad} \psi_P\,(x) = -\,4\pi\,\varrho\,(x) \tag{4}$$

Der Index p für das Potential soll anzeigen, daß ψ_B und ψ_p verschieden groß sein können. ψ_p ist das mittlere Potential am Ort x, an dem die mittlere Raumladungsdichte ϱ ist.

Als Näherung wird eingeführt, daß $\psi_p = \psi_B$ ist.

Um Gleichung 4 zu vereinfachen, wird als weitere Näherung eingeführt, daß die Dielektrizitätskonstante in der Doppelschicht unabhängig von x ist.

Man erhält dann für eine ebene Doppelschicht und einen symmetrischen Elektrolyten ($z_T = z_+ = z_-$)

$$\Delta^2 \psi\,(x) = -\,\frac{4\pi}{\varepsilon\,\varepsilon_0}\,\varrho\,(x) \tag{5}$$

oder

$$\frac{ze}{kT}\,\frac{\delta^2 \psi}{\delta x^2} = \varkappa \sin h\left(\frac{ze\,\psi\,(x)}{kT}\right) \tag{6}$$

$$\varkappa^{-1} = \left(\frac{\varepsilon\,\varepsilon_0\,kT}{8\pi\,n\,z\,e^2}\right)^{1/2}$$

Diese Gleichung kann für die Randbedingungen, daß beim Abstand $x = \infty$ das Potential $\psi = 0$ und damit auch $d\psi/dx = 0$ ist, integriert werden. Aus der Änderung der freien Enthalpie bei der Annäherung zweier Teilchen vom Abstand ∞ auf den Abstand d, der kleiner als die Dicke der Doppelschicht ist, kann die elektrostatische Abstoßungsenergie berechnet werden. Da dazu keine neuen Vereinfachungen eingeführt werden, soll auf die Zwischenrechnungen und auf die Integration von Gleichung 6 nicht eingegangen werden. Man erhält eine elliptische Funktion zweiter Art:

$$V_{el} \frac{n}{\varkappa} f(\psi_\delta, \psi_{d/2}) = \frac{\varkappa}{z^2} f'(\psi_\delta, \psi_{d/2}) \qquad (7)$$

$\psi_{d/2}$ ist das Potential beim halben Abstand d.

Die Grenze der Anwendbarkeit und der Aussagefähigkeit von Gleichung 7 wird also allein von den Grenzen des Doppelschichtmodells bestimmt, so daß die Weiterentwicklung der Theorie der Doppelschicht für den Elektrochemiker und Kolloidchemiker gleichermaßen notwendig ist.

Modifiziert man die Teilchenoberfläche durch Adsorption von Tensiden, so muß man zwei Fälle unterscheiden. Tritt die Adsorption durch Wechselwirkung der polaren Gruppen der Tensidmoleküle mit der Teilchenoberfläche ein, wird das Teilchen hydrophob, wird dagegen die Anreicherung durch die sogenannte hydrophobe Wechselwirkung bedingt, sind die polaren Gruppen zur Wasserphase orientiert. Bei hydrophobierten Teilchen kann man annehmen, daß sich in der Adsorptionsschicht keine oder nur eine geringe Anzahl von Gegenionen befinden, bei der Orientierung der polaren Gruppen zur Wasserphase können in diesem Teil der Adsorptionsschicht Gegenionen vorhanden sein. Bei der Verwendung von Äthylenoxidaddukten der Fettsäuren oder der Alkylphenole liefern die Adsorptionsschichten selbst keine Ionen, und die Dicke des hydrophoben und hydrophilen Bereiches der Adsorptionsschicht sind etwa gleich. Die Reichweite der elektrostatischen Kräfte vergrößert sich dabei erheblich. Kurve 1 ist V_{el}-Abstandsfunktion eines kugelförmigen Teilchens mit Radius = 10 nm und $\psi = 50$ mV. Kurve 2 ist die V_{el}-d-Funktion des gleichen Teilchens mit einer Adsorptionsschicht von Nonylphenoläthylenoxidaddukt mit einer Dicke 6,0 nm, wenn in der gesamten Adsorptionsschicht Gegenionen fehlen. Kurve 3 entspricht dem Zustand größter Wahrscheinlichkeit, daß Gegenionen nur im hydrophoben Teil der Adsorptionsschicht (Dicke = 2,0 nm) fehlen. Bei diesen Berechnungen wurde angenommen, daß die Dielektrizitätskonstante der Adsorptionsschicht der des reinen Wassers gleichgesetzt werden kann, eine Vereinfachung, die mit Sicherheit unzulässig ist, daß die Boltzmann-Verteilung der Ionen im polaren Teil der Adsorptionsschicht gültig bleibt und daß die Ionen mit den Äthoxygruppen nicht wechselwirken. Auch die letzten beiden Annahmen stellen nur grobe Näherungen dar, aber der augenblickliche Erkenntnisstand gestattet keine besseren Aussagen.

Noch komplizierter liegen die Verhältnisse in Gegenwart von Adsorptionsschichten von Makromolekülen. Als charakteristisches Beispiel dafür kann die lebende Zelle mit ihrer Zell-Zell-Wechselwirkung angesehen werden.

Die Glykokalix enthält die Sialinsäuren und damit zahlreiche dissoziierbare Gruppen. Das Potential, das in diesem Falle an der Phasengrenze Elektrolytlösung/Glykokalix auftritt, wird bestimmt durch das Membrangleichgewicht, d. h. das elektrochemische Potential des Ions i μ_i^{*I} in der Adsorptionsschicht ist gleich dem elektrochemischen Potential dieses Ions in der Lösung: $\mu_i^{*I} = \mu_i^{*II}$ bzw.

$$\mu_i^I + z_i F \varphi^I = \mu_i^{II} + z_i F \varphi^{II} \tag{8}$$

oder

$$\Delta\varphi = \frac{RT}{z_i F} \ln \frac{a_i^{II}}{a_i^I} \tag{9}$$

μ_i = chemisches Potential $\Delta\varphi$ = Galvanipotentialdifferenz, a_i^I a_i^{II} = Aktivität des Ions i in den Phasen I und II.

Die aus Gleichung 9 folgende Galvanipotentialdifferenz gestattet keine Aussagen über die elektrostatische Wechselwirkung zwischen Zellen, weil nicht$\Delta\varphi$, sondern die Voltapotentialdifferenz $\Delta\psi$ an der Phasengrenze Glykokalix/Elektrolyt benötigt wird. Infolge der Unkenntnis der Dipolpotentialdifferenz $\Delta\chi$ kann $\Delta\psi$ nach Gleichung 10

$$\Delta\varphi = \Delta\psi + \Delta\chi \tag{10}$$

nicht berechnet werden. Diese Einschränkung gilt für alle Dispersionen, die Adsorptionsschichten ionogener Makromoleküle tragen.

In den bisherigen Ausführungen wurden die Möglichkeiten und die Grenzen der Anwendbarkeit der theoretischen Elektrochemie auf die Wechselwirkung zwischen Teilchen analysiert. In den folgenden Darlegungen soll versucht werden, einige experimentelle Probleme aufzuzeigen, weil leider auch die Messung des $\psi\delta$-Potentials mit erheblichen Schwierigkeiten verbunden ist.

Relativ einfach ist es, für Dispersionen die Oberflächenladungsdichte zu messen, sofern die spezifische Oberfläche bekannt ist. Man bestimmt zunächst die Menge an Säure oder Lauge, um in einem vorgegebenen Volumen einer Elektrolytlösung einen gewünschten pH-Wert zu erzeugen. In einem zweiten Versuch wiederholt man diese Prozedur, wenn gleichzeitig eine bekannte Menge Feststoff dispergiert wurde. Nach Einstellung des Dissoziations- bzw. Adsorptionsgleichgewichtes trennt man die dispergierte Phase in einer Ultrazentrifuge ab und bestimmt mit ionenselektiven Elektroden die adsorbierten Ionen. Die

Oberflächenladungsdichte ergibt sich nach Gleichung 11:

$$\sigma_0 = \mathrm{F}\,(\Gamma_{\mathrm{K}^+} - \Gamma_{\mathrm{A}^-}) \tag{11}$$

Γ = Oberflächenkonzentration

Die Kenntnis der Oberflächenladungsdichte allein bringt uns aber nicht weiter, weil der funktionelle Zusammenhang zwischen σ_0 und ψ nicht bekannt ist. Man kann aber durch Messungen der Oberflächenladungsdichte als Funktion der potentialbestimmenden Ionen den Ladungsnullpunkt bestimmen. Für den Ladungsnullpunkt ist $\psi_0 = 0$, so daß man Gleichung 10 schreiben kann:

$$(\Delta\varphi)_{\mathrm{zpc}} = (\Delta\chi)_{\mathrm{zpc}} \tag{12}$$

Beschränkt man sich auf pH-Werte, die nur wenig vom Ladungsnullpunkt verschieden sind, ist $\Delta\chi$ konstant, so daß die Galvanispannungsdifferenz angenähert der Voltaspannung gleich ist

$$(\Delta\varphi - (\Delta\varphi)_{\mathrm{zpc}} \approx \Delta\psi \tag{13}$$

Wie aus den Ausführungen ersichtlich ist, wird man auf diesem Wege nur in Sonderfällen Auskünfte über die elektrische Wechselwirkung zwischen dispersen Teilchen erhalten können. Weit verbreitet in kolloidchemischen Laboratorien ist die Bestimmung der Wanderungsgeschwindigkeit dispergierter Teilchen beim Anlegen eines elektrischen Feldes. Die geladenen Teilchen wandern zur entgegengesetzt geladenen Elektrode, wobei ein Teil der Gegenionen der diffusen Doppelschicht mitgenommen wird. Das Potential, das sich an der Scherebene zwischen dem Teilchen plus, diesem Teil der Doppelschicht und der Umgebung ausbildet, nennt man Zeta- oder elektrokinetisches Potential. Das Zetapotential ist entweder gleich dem ψ -Potential, wenn die Scherebene mit der äußeren Helmholtzschicht zusammenfällt oder aber es ist niedriger. Da die Lage der Scherebene in der Regel nicht bekannt ist und unter Umständen bei Veränderungen der äußeren Versuchsbedingungen starken Schwankungen unterliegen kann, ist die Interpretation des Zetapotentials als Maß für die elektrostatische Wechselwirkung mit großer Skepsis zu betrachten. Hinzu kommt noch, daß die meisten Autoren mit den Näherungsgleichungen von Smoluchowskij bzw. Hückel arbeiten, was ebenfalls unzulässig ist.

Erst in den letzten Jahren sind Zetapotentialmessungen wieder interessant geworden, als theoretisch gezeigt werden konnte, daß zwischen der Oberflächenleitfähigkeit und den ψ_δ - und ζ-Potentialen ein funktioneller Zusammenhang besteht. Die Oberflächenleitfähigkeit entsteht durch die Ionenwanderung in der diffusen Doppelschicht unter Einfluß des äußeren elektrischen Feldes.

Dispergiert man in einer Elektrolytlösung Feststoffteilchen, die als Nichtleiter betrachtet werden können, z. B. SiO_2-Partikeln, so wird sich die Änderung der elektrischen Leitfähigkeit aus zwei Anteilen zusammensetzen: Erstens aus der Leitfähigkeitsabnahme infolge der Querschnittsverringerung für die Stromleitung durch die nichtleitenden Teilchen selbst und zweitens aus der Zunahme der Leitfähigkeit durch den tangentialen Fluß der Ionen in der diffusen Doppelschicht zur Ausbildung eines induzierten Dipolmomentes der Teilchen unter dem Einfluß des äußeren Feldes.

Die Oberflächenleitfähigkeit ist von der Struktur der Phasengrenze Feststoff-Elektrolytlösung, insbesondere von der Oberflächenladungsdichte und der Ionenbeweglichkeit im diffusen Teil der Doppelschicht abhängig. Mit zunehmender Oberflächenladungsdichte, d. h. mit der Zugabe potentialbestimmender Ionen, wächst die Oberflächenleitfähigkeit k^{σ}. Ändert man die Konzentration des indifferenten Elektrolyten, bleibt σ_0 und damit k^{σ} konstant, dagegen ändert sich die Leitfähigkeit des Dispersionsmittels k_0 und damit auch der Suspension k_s.

Untersucht man experimentell die Veränderung der Leitfähigkeit als Funktion der Oberflächenladungsdichte der Kolloidteilchen, so stellt man fest, daß bei niedriger σ_0 die Leitfähigkeit der Dispersion geringer als die des Lösungsmittels ist, mit steigender σ_0 erreicht man einen Punkt, an dem die Leitfähigkeit der Dispersion und der Elektrolytlösung einander gleich werden (= Isoleitfähigkeit. Bei noch höherer σ_0 erreicht man das Gebiet der Zusatzleitfähigkeit.

Aus der Leitfähigkeit von Dispersion (k_s) und Elektrolytlösung (k_0) kann man nach Gleichung 14 die Oberflächenleitfähigkeit

$$k_s = k_0 - \frac{3}{2} p \left(1 - \frac{3 \dfrac{k^{\sigma}}{k_0 a}}{1 + 2 \dfrac{k^{\sigma}}{k_0 a}} \right) k_0 \tag{14}$$

$p = \text{Volumenanteil} = \frac{4}{3} a^3 N$

a = Teilchenradius, N = Teilchenzahl pro Volumeneinheit

berechnen, und daraus wiederum ergibt sich das Potential der äußeren HELMHOLTZschicht nach Gleichung 15, sofern ζ aus anderen Messungen bekannt ist.

$$\frac{k^{\sigma}}{k_0} = \frac{1}{\varkappa} \left[4 \left\{ 1 - 3 \frac{(kT)^2 \varepsilon_0 \varepsilon}{e^2 6\pi \eta D} \right\} \sin h^2 \left(\frac{e\zeta}{4kT} \right) + 2 \left\{ \cos h \left(\frac{e \psi_\delta}{2KT} \right) \cos h \left(\frac{e\zeta}{2kT} \right) \right\} \right] \tag{15}$$

Die Methode der Oberflächenleitfähigkeit in Kombination mit Zetapotentialmessungen ist nach unserer Meinung zur Zeit als einzige geeignet, Auskünfte über die elektrische Wechselwirkung zwischen dispersen Teilchen zu erhalten.

Die Versuchsergebnisse an SiO_2-Dispersionen zeigten, daß ψ_δ und ζ merklich voneinander verschieden sind. Die Genauigkeit der Untersuchungen wird im Augenblick durch die Genauigkeit der ζ-Potentialmessungen bestimmt, weil man bei Teilchen, die mikroskopisch nicht mehr sichtbar sind, die Hittorfsche Methode der Masseüberführung anwenden muß und diese in den bisher bekannten Ausführungsformen nicht sehr präzise ist. Eine unserer zukünftigen Aufgaben besteht deshalb darin, diese Methode zu verbessern.

Obwohl auf Einzelheiten in dieser Übersicht bewußt verzichtet wurde, ist doch ohne Schwierigkeiten zu erkennen, daß die Weiterentwicklung der Theorie und der experimentellen Untersuchungen der zwischenpartikularen Wechselwirkung unmittelbar mit der Entwicklung der Elektrochemie der Phasengrenze verbunden ist.

Harry Jehring

Grundlagen und Anwendungen von Elektrosorptionsmessungen

Die Entdeckung des Einflusses adsorbierter organischer Stoffe auf die Kapazität der elektrochemischen Doppelschicht durch Proskurnin u. Frumkin (1935) liegt inzwischen vierzig Jahre zurück. Theorien zur elektrischen Doppelschicht und der Adsorption organischer Stoffe — abgeleitet aus Grenzflächenspannungsmessungen — wurden bereits vor der Jahrhundertwende in Angriff genommen, und sie sind heute auch nur zum Teil abgeschlossen. Eine breite und gezielte Applikation von Elektrosorptionsmessungen bei komplizierteren Substanzklassen und Problemen ergab sich jedoch erst in den letzten zehn bis fünfzehn Jahren im Zuge der Schaffung von geeigneten rationellen modernen elektrochemischen Meßtechniken. Breyer und Hacobian (1952) zeigten, daß sich Adsorp-(wie z. B. phasenselektive Wechselstrompolarographie) lassen sich die Aussationseffekte relativ einfach mit der Wechselstrompolarographie messen lassen („Tensammetrie"). Durch Einführung moderner Wechselstrommeßverfahren gen zur Kinetik elektrochemischer Vorgänge noch vertiefen, z. B. durch die Möglichkeit der Aufnahme ihrer Frequenzabhängigkeit.

Ein Vorteil der Wechselstrompolarographie liegt darin begründet, daß sich sowohl elektrochemische Redoxprozesse (Ladungsdurchtritt) als auch Adsorptionsprozesse meßtechnisch erfassen lassen. Abb. 1 a zeigt Wechselstrompolarogramme von Campherchinon bei verschiedenen Konzentrationen, aufgenommen 1957 mit einem einfachen manuellen Laboraufbau am Institut für Elektrochemie und physikalische Chemie der damaligen TH Dresden. Beiderseits des Durchtrittspeaks finden wir adsorptionsbedingt Grundstromerniedrigung und Adsorptionspeaks. Abb. 1 b demonstriert die Verdrängung des Campherchinons von der Elektrodenoberfläche durch Äthanol. In alkoholischer Lösung sind die Adsorptionspeaks des Campherchinons verschwunden und nur noch die des organischen Lösungsmittels vorhanden (Schwabe u. Jehring, 1958 u. 1960).

Elektrosorptionsmessungen eröffnen die Möglichkeit der quantitativen Bestimmung organischer Stoffe, auch wenn diese im eigentlichen Sinne elektrochemisch inaktiv sind, d. h. keine Redox-Reaktionen an der Elektrode eingehen.

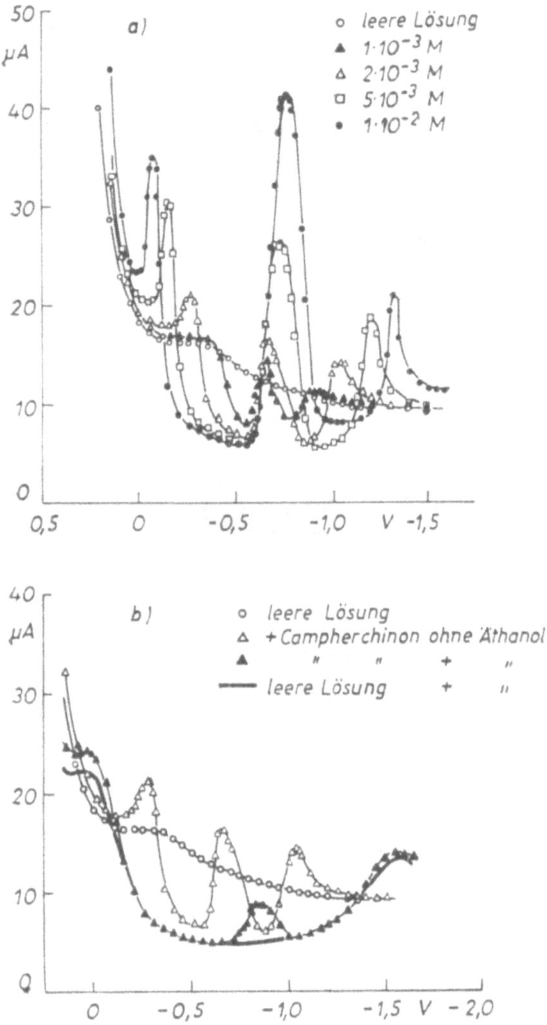

Abb. 1. Wechselstrompolarogramme von Campherchinon (in Standardazetatpuffer pH 4,62; Wechselspannung: 40 mV, 60 Hz; 25 °C)
a) Konzentrationsabhängigkeit
b) Lösungsmitteleinfluß (50 Vol.% Äthanol)
Campherchinon-Konzentration: 2×10^{-3} M
[Schwabe, K., Jehring, H., 1958 und 1960]

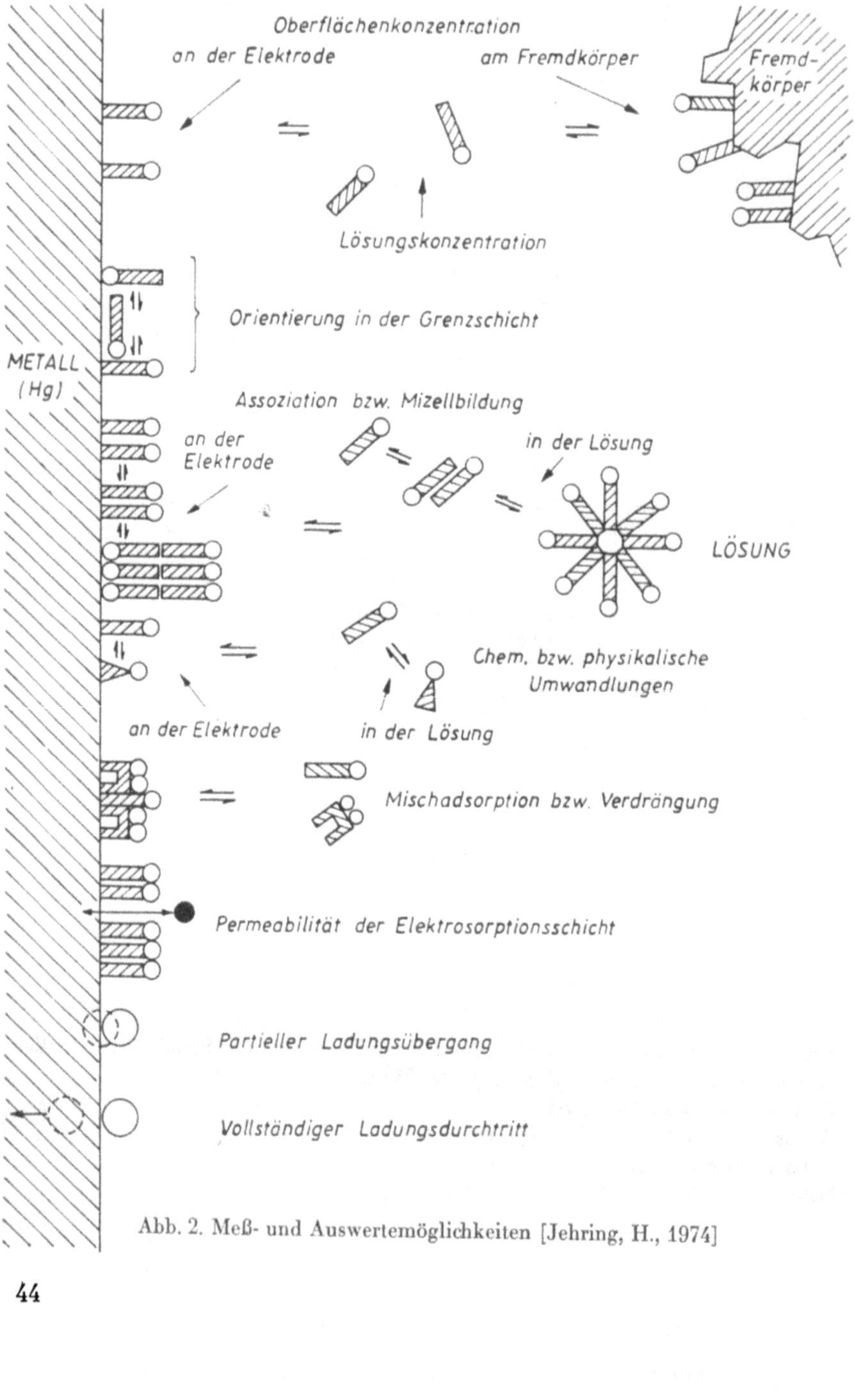

Abb. 2. Meß- und Auswertemöglichkeiten [Jehring, H., 1974]

Es sind aber auch allgemeine Aussagen über Adsorptionsschichten an Elektroden zu erhalten.

Über verschiedene analytische Anwendungen der wechselstrompolarographischen Elektrosorptionsanalyse wurde bereits mehrfach berichtet. Hierfür ist meist nur eine einfache, aber genaue, registrierende Apparatur mit einer Festfrequenz erforderlich. So lassen sich z. B. mit dem Gleichwechselstrompolaro-

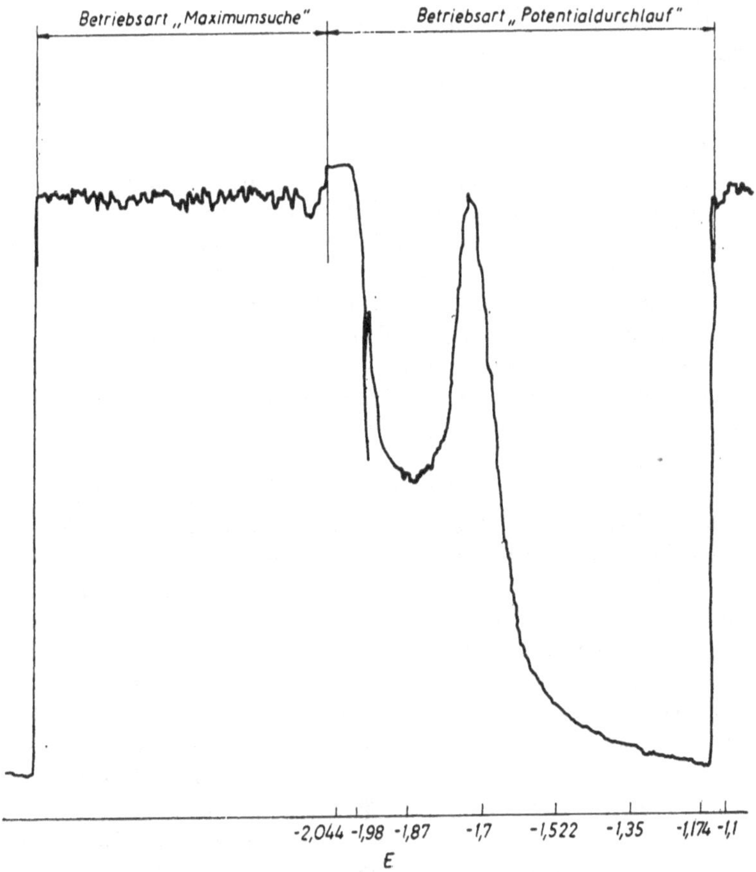

Abb. 3. Kontinuierliche Konzentrationsbestimmung (Wechselstrom-Zeit- und Wechselstrom-Potential-Kurve) [Lohse, H., Jehring. H.]

graphen GWP 563 (Skalweit u. Jehring, 1964) nicht nur Tenside mit großer Empfindlichkeit bestimmen, sondern auch indirekt über die Änderung der Lösungskonzentration z. B. Adsorptionsisothermen an Synthesefasern aufnehmen oder Umwandlungen z. B. von Makromolekülen in der Lösung verfolgen. Einige grundsätzliche Meß- und Aussagemöglichkeiten sind in Abb. 2 schematisch dargestellt (Jehring, 1974). Eine in der chemischen Großindustrie eingesetzte analytische Anwendungsvariante nach modernen meßtechnischen Prinzipien ist die laufende kontinuierliche Messung der Konzentration eines organischen Syntheseproduktes in der Ablauge mit Hilfe eines speziell entwickelten Gerätes, welches automatisch Scheitelpotential und Höhe des Adsorptionspeaks registriert. In bestimmten Zeitabständen wird außerdem automatisch auf Potentialdurchlauf geschaltet und zur Kontrolle das Wechselstrompolarogramm aufgenommen (Abb. 3) (Lohse u. Jehring).

Ein für die gesamte Elektrochemie und große Gebiete der Grenzflächenchemie wichtiges Problem ist der Einfluß elektrischer Felder und chemischer Parameter auf die Permeabilität von Adsorptions- bzw. Grenzschichten für Stoffe und Ladungen. Für diese Untersuchungen eignet sich besonders die Kombination von Gleich- und Wechselstrompolarographie. Abb. 4 a demonstriert im Gleichstrompolarogramm die Potentialabhängigkeit der Wirkung eines Inhibitors, welche auf das Potentialgebiet der Adsorption an der Elektrode beschränkt ist, erkenntlich an der Kapazitätserniedrigung im Wechselstrompolarogramm (Abb. 4 b). Bei etwa —0,2 V tritt ein Bereich mit negativem Widerstand auf. Dieser führt bei geeigneter äußerer Beschaltung zu Oszillationen zwischen den beiden Grenzzuständen völliger Inhibition der $Cu^{\cdot\cdot}$-Abscheidung (mit Inhibitor bedeckte Elektrode) und ungehemmter $Cu^{\cdot\cdot}$-Abscheidung (kein Inhibitor an der Elektrode) (Jehring u. Kürschner, 1974). Der Einfluß der chemischen Zusammensetzung auf die Ionenpermeabilität von Elektrosorptionsschichten sei am Beispiel in Abb. 5 erläutert (Jehring u. Huyen, 1974). Eine ausgeprägte Inhibition findet man bekanntlich nur bei mehrwertigen Durchtrittsprozessen, wogegen die Abscheidung einwertiger Ionen nur durch wenige Inhibitoren gehemmt wird. Die starke Grundstrom-, d. h. Kapazitätserniedrigung durch Lecithin in Abb. 5 zeigt an, daß sich eine Lecithinschicht auf der Elektrode ausbildet (Kurve 2); die unveränderte Höhe des $Tl^{\cdot}$-Peaks bei —0,5 V läßt erkennen (Kurve 1 und 2), daß diese Schicht permeabel für $Tl^{\cdot}$-Ionen ist. Zugabe von $Ca^{\cdot\cdot}$-Ionen sperrt dagegen diese Schicht für den Durchgang der $Tl^{\cdot}$-Ionen (Kurve 3); Zugabe von Poly-L-Lysin führt zur Ausbildung einer Mischadsorptionsschicht, welche wieder für $Tl^{\cdot}$-Ionen permeabel ist (Kurve 4). Eine ähnliche „depolarisierende" Wirkung erzielt man auch mit dem Neurotransmitter Acetylcholin.

Im folgenden Beispiel soll gezeigt werden, daß die Inhibition nicht nur von der potentialabhängigen Adsorption des Inhibitors oder von dessen chemischer

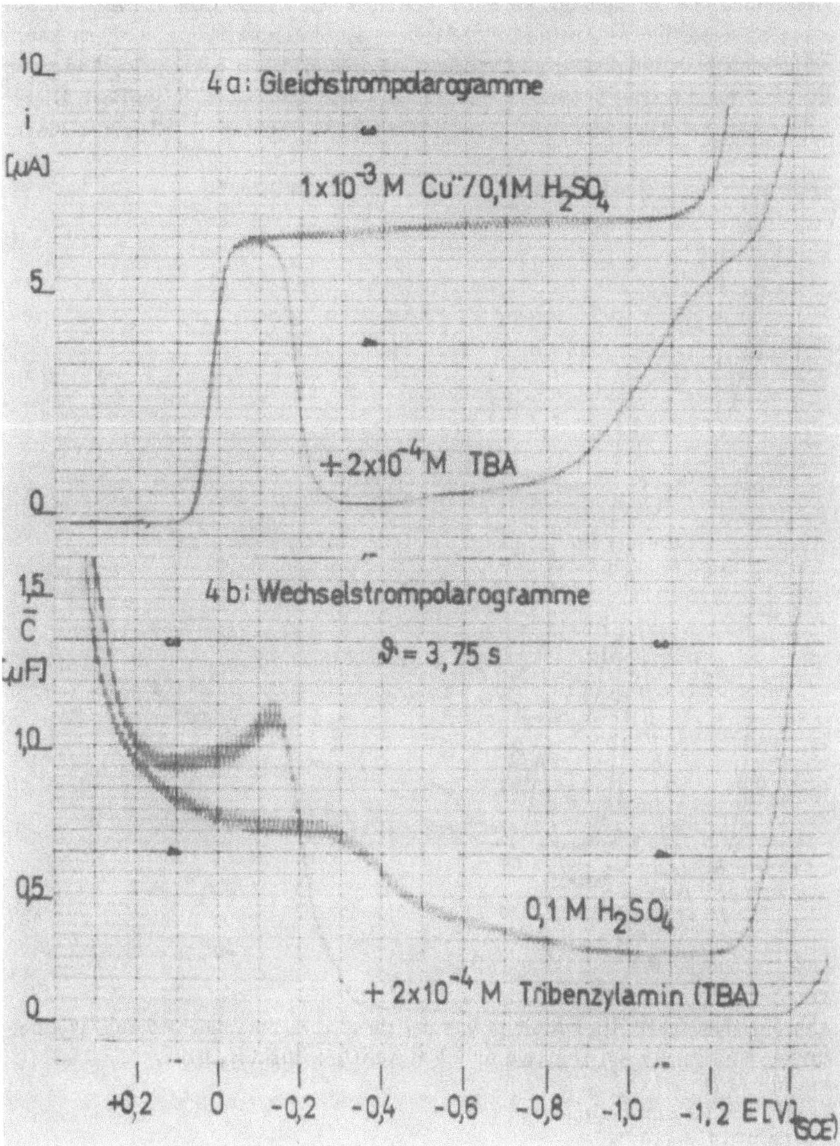

Abb. 4. Potentialabhängigkeit der Inhibition ($Cu^{\cdot\cdot}$-Abscheidung durch Tribenzylammoniumionen) [Jehring, H., Kürschner, U., 1974]

Zusammensetzung abhängt, sondern daß auch eine einheitliche chemische Substanz im adsorbierten Zustand verschiedene Inhibitionswirkung ausüben kann, wenn eine potentialabhängige Umorientierung und damit gekoppelte Änderung der intermolekularen Wechselwirkung in der Adsorptionsschicht vorliegt. Dieser Effekt tritt bei Adenosin auf (Abb. 6). Die Cd¨-Abscheidung wird nur in einem

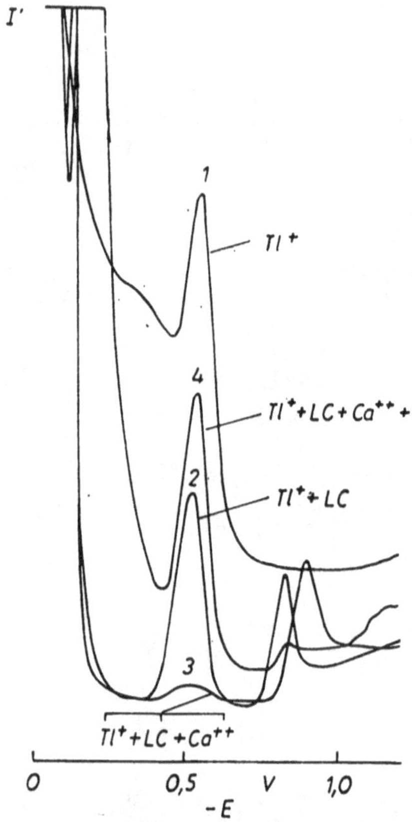

Abb. 5. Abhängigkeit der Inhibition von der chemischen Zusammensetzung. Wechselstrompolarogramme von Thallium (in 0,1 M $NaNO_3$ + 10% CH_3OH)
1 — 10^{-4} M Tl·
2 — (1) + 0,5 mg/ml Lecithin
3 — (2) + 0,1 mg/ml Ca¨
4 — (3) + 0,2 mg/ml Poly-L-Lysin
[Jehring, H., Huyen, N. V., 1974]

schmalen Potentialgebiet völlig inhibiert, obgleich Adenosin über einen größeren Potentialbereich adsorbiert ist, erkenntlich an der Kapazitätserniedrigung — die hier übrigens eine Hysterese in der C-E-Kurve aufweist (Abb. 7) (Retter, Vetterl u. Jehring, 1974). Veranlaßt wurden wir zu diesen Untersuchungen durch die von Vetterl (1966) gemessenen Kapazitäts-Potential-Kurven von Adenosin mit zwei Minima (Abb. 8).

Flache Orientierung des Purinkernes wird nach Retter, Vetterl u. Jehring (1974) bei niedrigen Konzentrationen angenommen, bei höheren Konzentrationen erfolgt ein Übergang zu senkrechten Orientierungen (an der positiv und

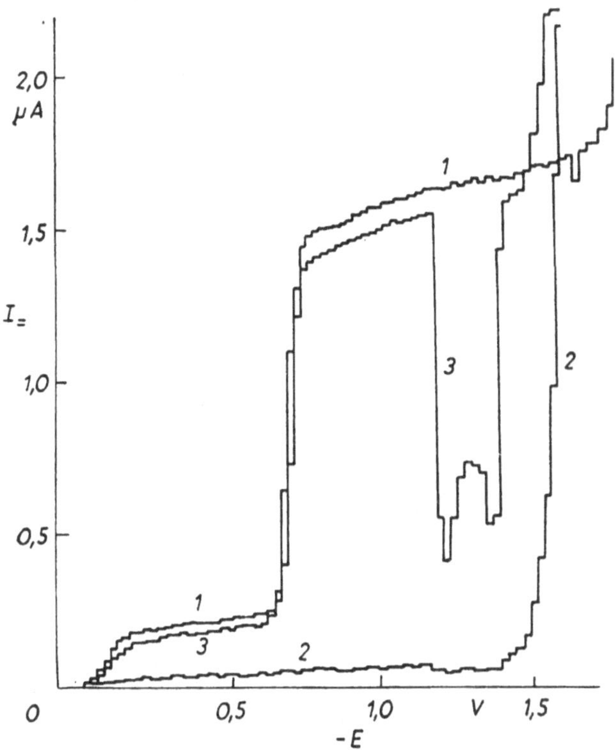

Abb. 6. Potentialabhängigkeit der Inhibition durch potentialabhängige Orientierung und Wechselwirkung (Gleichstrompolarogramme).
1 — 5×10^{-4} M $CdCl_2$ in Puffer pH 7
2 — 11 mM Adenosin in Puffer pH 7
3 — (1) + 11 mM Adenosin
[Retter, U., Vetterl, V., Jehring, H., 1974]

negativ geladenen Elektrode mit jeweils entgegengesetzter Orientierung des Dipols). Dabei nimmt die zwischenmolekulare Attraktion in der Adsorptionsschicht und damit die Inhibition der Metallabscheidung stark zu. Gestützt werden diese Hypothesen durch die quantitative Interpretation der Kapazitäts-Potential-Kurven nach den in Abb. 9 aufgeführten wichtigsten Grundgleichungen.

Die Beziehungen des Elektrosorptionsgleichgewichts lassen sich im Prinzip aus den bekannten GIBBS-DUHEMschen Gleichungen ableiten (γ = Grenzflächenspannung; Γ_i = Oberflächenkonzentration; c = Konzentration i. d. Lösung;

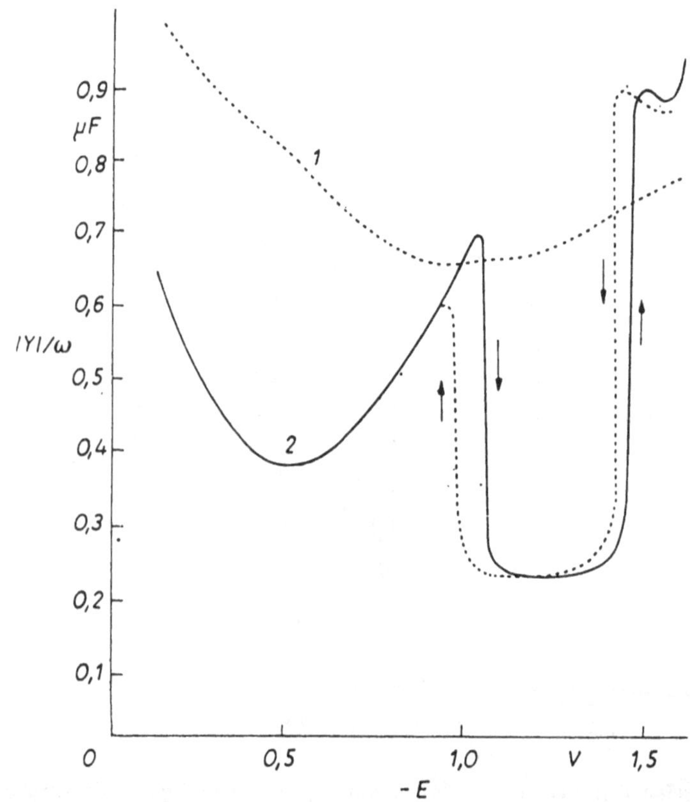

Abb. 7. Hysterese in der Kapazitäts-Potential-Kurve von Adenosin (in 0,5 M NaF + Puffer pH 7)
1 — Grundlösung
2 — (1) + 11 mM Adenosin
[Retter, U., Vetterl, V., Jehring, H., 1974]

q = Ladungsdichte; E = elektrisches Potential). Nach der Frumkin-Gleichung erhält man z. B. aus der Konzentrations-(c-)Abhängigkeit des (experimentell aus der Kapazitätsänderung bestimmten) Bedeckungsgrades Θ den Adsorptionskoeffizienten B und den Koeffizienten a der intermolekularen lateralen Wechselwirkung der adsorbierten organischen Moleküle in der Adsorptionsschicht. Der Adsorptionskoeffizient B ist abhängig vom Elektrodenpotential E; bei Neutralmolekülen und größeren organischen Ionen erfolgt beiderseits des Potentials maximaler Adsorption E_m eine mit dem Potential zunehmende Verdrängung des adsorbierten organischen Stoffes durch die wäßrige Grundlösung unter dem Einfluß des elektrischen Feldes (FRUMKIN, 1926; BUTLER, 1929).

Für die Untersuchung der Elektrosorptionskinetik bieten sich in der Wechselstrompolarographie bzw. Admittanzmeßtechnik zwei Möglichkeiten an: Auswertung der Kapazitätsänderung in Abhängigkeit von der Zeit t bzw. der Tropffrequenz $1/\vartheta$ der Tropfelektrode (vorwiegend bei E_m) und die Abhängigkeit der Elektrodenadmittanz bzw. des Phasenwinkels φ zwischen Strom und Span-

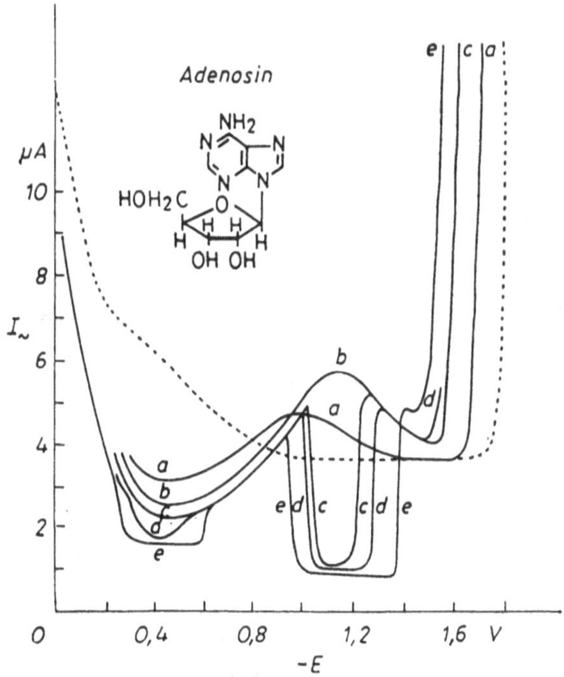

Abb. 8. Wechselstrompolarogramme von Adenosin (in Phosphat-Puffer pH 7 + 0,5 M NaF) a bis e: 0,55; 1,1; 3,3; 4,4; 11 mM [Vetterl, V., 1966]

nung von der Frequenz (ω) der überlagerten Wechselspannung (beim Potential der Kapazitätspeaks). So lassen sich z. B. auf der Grundlage der KORYTA-Gleichung (für die Zeitabhängigkeit) und der Beziehungen von FRUMKIN u. MELIK-

THERMODYNAMIK:

$$-\,d\gamma = sdT - vdp + \sum \Gamma_i \, d\mu_i + qdE$$ (GIBBS-DUHEM)

$$-\,d\gamma = RT \sum \Gamma_i \, d\ln c_i + qdE$$ (isotherm, isobar, $a \simeq c$

Konzentrationsabhängigkeit:

$$Bc = \frac{\Theta}{1-\Theta} \exp(-\,2a\Theta)$$ (FRUMKIN, 1926)

Potentialabhängigkeit:

$$B = B_m \exp\{-\,\beta (E - E_m)^2\}$$ (FRUMKIN, 1926; BUTLER, 1929)

(Neutralmoleküle)

KINETIK:

Zeitabhängigkeit:

$$\Theta = K\,D^{1/2}\,ct^{1/2}\,A$$ (KORYTA, 1953)

(Diffusionshemmung)

Wechselspannungsfrequenzabhängigkeit:

$$\tan \varphi = \frac{1 + L\omega^{-1/2}}{1 + P\omega^{1/2}}$$ (FRUMKIN u. MELIK-GAIKASJAN, 1951; LORENZ u. MÖCKEL, 1956)

(Diffusions- u. Adsorptionshemmung)

Abb. 9. Gleichungen zur Auswertung der Elektrosorption
D = Diffusionskoeffizent
L, P = von der Diffussions- bzw. Adsorptionsgeschwindigkeit festgelegte Größen

GAIKASJAN (1951) sowie LORENZ u. MÖCKEL (1956) (für die Frequenzabhängigkeit) der geschwindigkeitsbestimmte Teilschritt erkennen und Relaxationszeiten τ sowie Oberflächenbedarfswerte A ermitteln.

Der komplexe Einsatz der angeführten Meß- und Auswerteverfahren zur Interpretation der Elektrosorption soll an einem Beispiel demonstriert werden, dem Elektrosorptionsverhalten der technisch wichtigen Polyäthylenglykole (PÄG) und ihren Addukten, z. B. dem Nonylphenoldekaglykoläther (NPG 10), welches zu den technisch wichtigsten nichtionogenen Tensiden zählt. Nonyl-

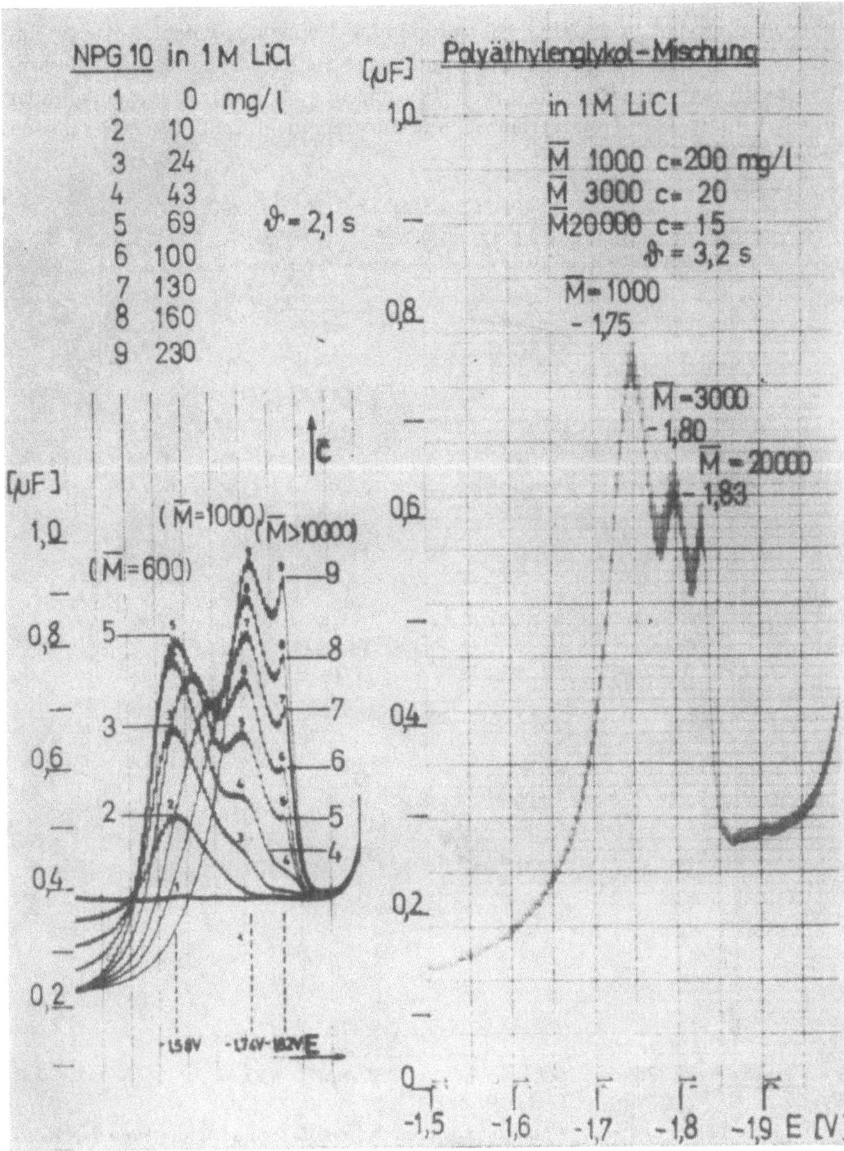

Abb. 10. Wechselstrompolarogramme von Nonylphenoldekaglykoläther (c-Abhängigkeit) und einer Polyäthylenglykol-Mischung

phenoldekaglykoläther (NPG 10) ruft in der Kapazitäts-Potential-Kurve (im Gegensatz zum Verhalten einfacher organischer Stoffe) *drei* kathodische Desorptionspeaks hervor (JEHRING, 1965). (Verunreinigungen als Ursache konnten durch Einsatz von Trennverfahren und formelreine Produkte ausgeschlossen werden.)

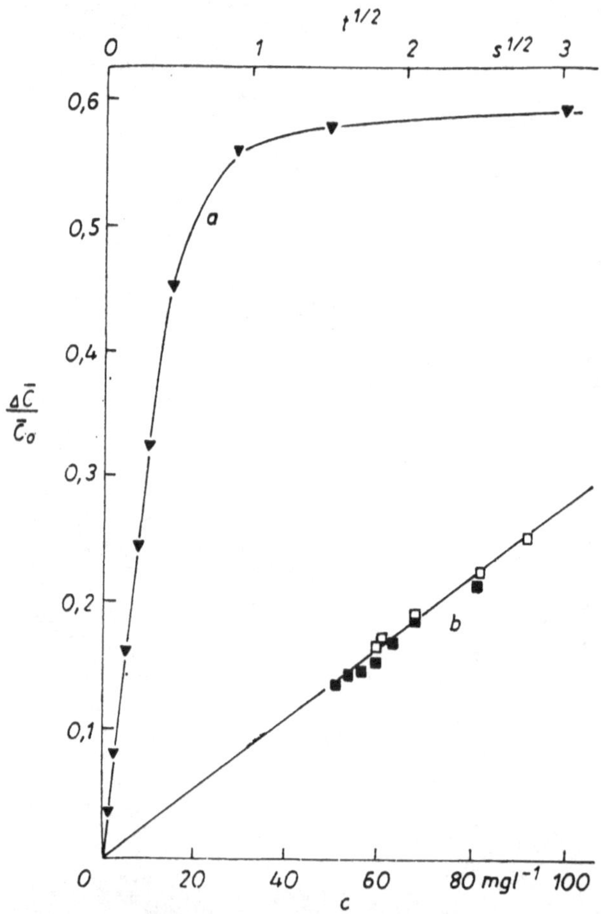

Abb. 11. Abhängigkeit der relativen mittleren Kapazitätserniedrigung von der Konzentration c (Kurve a, $\vartheta = 11{,}0$ s) und der Tropfzeit ϑ (Kurve b, c = 10 mgl^{-1}); Polyäthylenglykol 1000 in 1 M KCl bei –1,1 V (SCE) [Jehring, H., 1969].

Es waren zwei Hypothesen zu prüfen:

a) Die drei Peaks entsprechen potentialabhängigen Umwandlungen *innerhalb der Adsorptionsschicht* (z. B. Assoziation, Polyschichtbildung, Teildesorption),

b) die drei Peaks entsprechen der Desorption von drei *innerhalb der Lösung* gebildeten Spezies einheitlicher chemischer Struktur, aber verschiedener Größe (z. B. Mizellen).

Die quantitative Auswertung der Meßergebnisse führte zur Bekräftigung der Argumente für die zweite Hypothese: Die drei — dicht nebeneinanderliegenden — kathodischen Peaks in der Kapazitäts-Potential-Kurve entsprechen offensichtlich drei verschieden großen, in der Lösung vorgebildeten und relativ stabilen Spezies, und zwar Monomeren, Dimeren (Vormizellen) und größeren Mizellen (Assoziationszahl > 10) (Jehring, Retter u. Weiss, 1974). Dies soll im folgenden kurz in den wichtigsten Ergebnissen begründet werden: Die Scheitelpotentiale der Peaks von NPG 10 liegen bei denselben Werten wie die der gleichgroßen PÄG's mit verschiedenen Polymerisationsgraden (Abb. 10); NPG 10 verhält sich bezüglich der drei Peaks ähnlich einer Mischung aus PÄG mit drei verschiedenen Polymerisationsgraden: mit wachsender Konzentration bzw. Tropfzeit erfolgt zunehmende Verdrängung der schwächer adsorbierten kleineren Spezies durch die stärker adsorbierten größeren Spezies. Aus der Zeit- bzw. Tropffrequenzabhängigkeit der Kapazitätserniedrigung von PÄG (Abb. 11) und NPG sowie aus der Frequenzabhängigkeit der PÄG-Peaks und der drei Kapazitätsmaxima (Peaks) des NPG resultiert, daß die Adsorption in beiden Fällen diffusionskontrolliert ist, also keine langsamen Prozesse in der Adsorptionsschicht (z. B. Assoziation) ablaufen, sondern der Transportprozeß aus der Lösung zur Elektrode in beiden Fällen der geschwindigkeitsbestimmende Schritt ist.

Die Aufnahme der Frequenzabhängigkeit ist mit einfachen Wechselstrompolarographen nicht möglich; sie erfolgte an einer Laborapparatur, welche Betrags-Potential-Kurven sowie Phasenwinkel-Potential-Kurven bei verschiedenen Frequenzen im Bereich von 10 Hz bis 50 KHz aufzunehmen gestattet (Retter u. Jehring, 1973). Abb. 12 gibt die resultierende Ortskurve der frequenznormierten Doppelschichtadmittanz von NPG 10 wieder. Die aus der Zeit- und Frequenzabhängigkeit ermittelten Oberflächenbedarfswerte zeigen bei den PÄG's mit verschiedenen Polymerisationsgraden eine flache Orientierung auf der Oberfläche und eine starke Zunahme mit dem Polymerisationsgrad an. Der Vergleich mit den Werten von NPG 10 zeigt, daß auch bei NPG 10 der flach ausgebreitete PÄG-Rest an der Oberfläche liegt (im negativen Potentialgebiet; bei positiver Ladung liegt auch noch der Nonylrest auf der Elektrode). So erhält man z. B. $A = 145$ Å^2 sowohl für den ersten (Monomeren-) Peak des

NPG 10 als auch für PÄG M = 400. Die Wechselwirkungskoeffizienten a in der Adsorptionsschicht sind für höhermolekulares PÄG und für die NPG-Mizellen relativ niedrig und untereinander etwa gleich, sie werden in beiden Fällen durch die $-CH_2-CH_2-O$-Gruppe bestimmt.

Die angeführten Beispiele — denen noch zahlreiche andere hinzugefügt werden könnten — zeigen die enge Verflechtung zwischen methodischem Fortschritt, theoretischer Durchdringung und gezielter Applikation auf dem Gebiet moderner eletrochemischer Meß- und Analysenmethoden. Gewisse Aussagen (z. B. in der Elektrodenkinetik) sind überhaupt erst möglich, wenn entsprechende Meßmöglichkeiten (z. B. im entsprechenden variablen Frequenzbereich) geschaffen werden. Selbst bei einer — zunächst sehr einfach erscheinenden — Aufgabe, wie der eingangs erwähnten kontinuierlichen analytischen Bestimmung von Syntheseprodukten in technischen Ablaugen trifft dies zu. Die Konzeption des relativ einfachen Prozeßkontrollgerätes ist ein Produkt der Optimierung der Meß- und Auswertebedingungen mit komplizierteren Apparaturen und der Interpretation dieser Meßwerte.

In Abb. 13 ist dies schematisch und stark vereinfacht zum Ausdruck gebracht, wobei gleichzeitig die Verbindung zum wissenschaftlichen Gerätebau (z. B. Zentrum für wissenschaftlichen Gerätebau — früher Akademiewerkstätten für Forschungsbedarf — der Akademie der Wissenschaften) und zu den Nutzern in Wissenschaft und Technik angedeutet wurde.

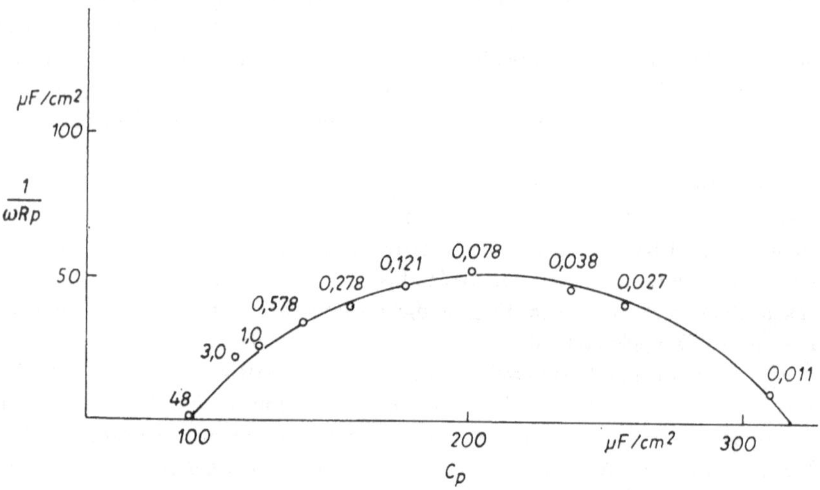

Abb. 12. Frequenzabhängigkeit. Ortskurve von 5×10^{-3} M NPG 10 in 1 M LiCl bei E = −1,81 V (Frequenzen in kHz; R_p = Parallelverlustwiderstand; C_p = Parallelkapazität der Elektrodenadmittanz) [Jehring, H., Retter, U., Weiß, A., 1974]

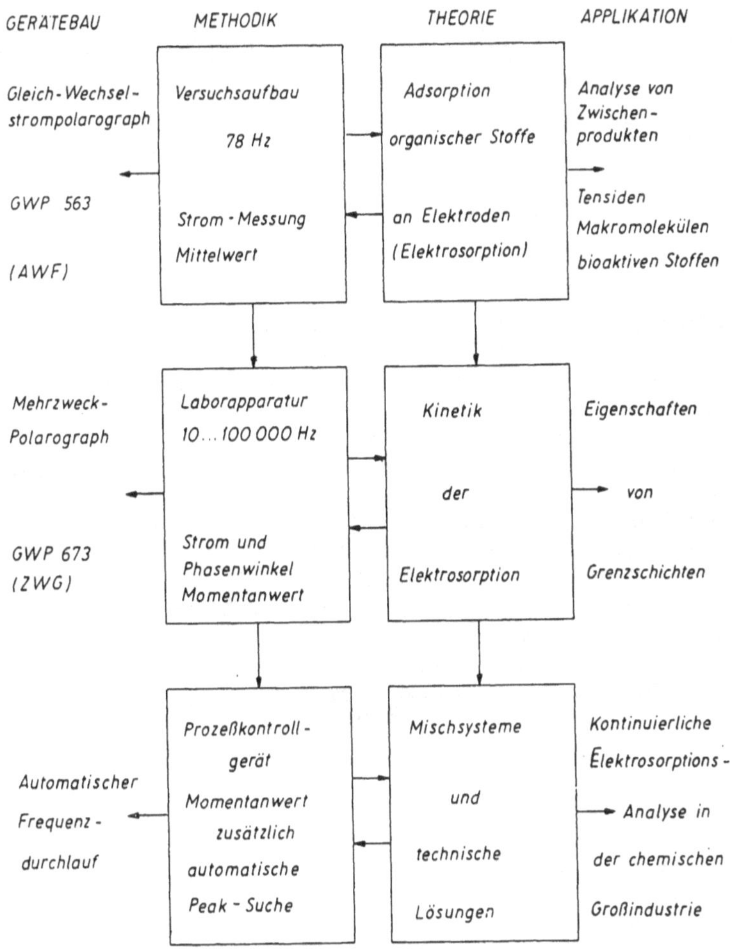

Abb. 13. Verflechtung zwischen methodischer Entwicklung und theoretischer Durchdringung sowie Verbindungen zum wissenschaftlichen Gerätebau und der Applikation

Literatur

PROSKURNIN, M., und A. N. FRUMKIN: Trans. Faraday Soc. **31** (1935) S. 110–115.

BREYER, B., und S. HACOBIAN: Austral. J. sci. Res., Ser. A **5** (1952) S. 500–520.

SCHWABE, K., und H. JEHRING: Intern. Polarogr. Kolloqu., Bonn (1958); Z. analyt. Chem. **173** (1960) S. 36–43.

SKALWEIT, W., und H. JEHRING: Chem. Techn. **16** (1964) S. 290–292.

JEHRING, H.: „Elektrosorptionsanalyse mit der Wechselstrompolarographie", Akademie-Verlag Berlin (1974).

LOHSE, H., und H. JEHRING: (in Vorbereitung).

JEHRING, H., und U. KÜRSCHNER: Studia biophys. **42** (1974) S. 225–228.

JEHRING, H., und N. V. HUYEN: Studia biophys. **44** (1974) S. 225–229.

RETTER, U., V. VETTERL und H. JEHRING: J. electroanal. Chem. **57** (1974) S. 391–397.

VETTERL, V.: Collect. Czech. Chem. Commun. **31** (1966) S. 2105–2126.

FRUMKIN, A. N.: Z. Physik **35** (1926) S. 792–802.

BUTLER, J. A. V.: Proc. Roy. Soc. [London] Ser. A **122** (1929) S. 399.

KORYTA, J.: Collect. Czech. Chem. Commun. **18** (1953) S. 206–213.

FRUMKIN, A. N., und V. I. MELIK-GAIKASJAN: Doklady Akad. Nauk SSSR **77** (1951) S. 855–858.

LORENZ, W., und F. MÖCKEL: Z. Elektrochem. **60** (1956) S. 507–515.

JEHRING, H.: Habilitationsschrift, TU Dresden (1965).

JEHRING, H.: J. electroanal. Chem. **20** (1969) S. 33–46.

JEHRING, H., und E. HORN: Mber. dtsch. Akad. Wiss. Berlin **10** (1968) S. 295–306.

JEHRING, H., U. RETTER und A. WEISS: J. electroanal. Chem. **52** (1974) S. 55–61.

RETTER, U., und H. JEHRING: J. electroanal. Chem. **46** (1973) S. 375–380.

FSC
www.fsc.org
MIX
Papier | Fördert
gute Waldnutzung
FSC® C083411

Zeitfracht Medien GmbH
Ferdinand-Jühlke-Straße 7
99095 Erfurt, Deutschland
produktsicherheit@kolibri360.de